倡导自由探究

鼓励学术争鸣

活跃学术氛围

促进原始创新

新观点新学说学术沙龙文集⑦

三沙设施渔业模式

中国科协学会学术部　编

中国科学技术出版社

·北京·

图书在版编目(CIP)数据

三沙设施渔业模式/中国科协学会学术部编.
—北京:中国科学技术出版社,2013.4
(新观点新学说学术沙龙文集;71)
ISBN 978-7-5046-6328-3

Ⅰ.①三…　Ⅱ.①中…　Ⅲ.①水产养殖-
设施-研究-三沙市　Ⅳ.①S953

中国版本图书馆 CIP 数据核字(2013)第 062421 号

选题策划	赵　晖
责任编辑	赵　晖　夏凤金
责任校对	孟华英
责任印制	张建农

出　　版	中国科学技术出版社
发　　行	科学普及出版社发行部
地　　址	北京市海淀区中关村南大街 16 号
邮　　编	100081
发行电话	010-62173865
传　　真	010-62179148
投稿电话	010-62103182
网　　址	http://www.cspbooks.com.cn

开　　本	787mm×1092mm　1/16
字　　数	200 千字
印　　张	8.25
印　　数	1-2000 册
版　　次	2013 年 5 月第 1 版
印　　次	2013 年 5 月第 1 次印刷
印　　刷	北京长宁印刷有限公司

书　　号	ISBN 978-7-5046-6328-3/S·565
定　　价	18.00 元

序

　　三沙市地处我国南海海防前哨,是我国最年轻的地级城市。辖区属热带海洋,含数百个岛礁、礁盘与泻湖,面积约 200 万平方千米。其资源十分丰富,对稳固国防和发展南海渔业、交通、能源、旅游等,占据非常重要的政治、军事与经济地位。三沙设市后,可依托现代设施渔业,实施"屯渔戍边",对开拓南海现代渔业经济、加强我国海洋疆土的保卫和建设,具有极为重要的作用和长远的战略意义,所以成为三沙兴市之首选。

　　设施渔业是 20 世纪中期发展起来的一种集约化水产增养殖技术。它集现代建筑工程、生物工程、环保工程、机电自控装备,以及种业、饲料业、病害防治等多学科于一体,在工业化思路指引下,运用各种最新技术手段,在陆地或海上营造适合于海洋生物生长繁殖的工程设施,使养殖生物置于全人工控制、保护之下,实施耕海牧渔,以达到养殖生物稳产、高产和高效的目的。其主要的增养殖模式有:循环式养殖、网箱养殖、工厂化养殖、海上养鱼工船、底播增殖、海洋牧场等。由于它立足于环境保护,将产业与生态密切结合在一起,所以是建设南海现代渔业的一种最佳选择,具有广阔的发展前景。

　　中国科协对一些公众关心的学术论题,以学术沙龙形式组织专家、企业家和民众一起参与,进行自由探讨、研究和分析,是鼓励学术争鸣,活跃学界气氛,促进原始创新的一项富有深刻内涵的专题学术活动,受到产学研各界的热烈欢迎。中国科协第 71 期新观点新学说学术沙龙——三沙设施渔业模式,旨在搭建一种高端学术平台,探讨三沙特定海域如何发展设施渔业,选择何种模式将对海域和岛礁区的生态保护、捍卫国家领海主权、产业的可持续发展,以及对提高南海渔民的生产、生活等方面更为有利。此次沙龙着重讨论的内容包括:

①三沙设施渔业发展中的网箱养殖设施新模式;②礁盘增养殖设施渔业新模式;③设施渔业技术体系和管理体制新模式等三个专题,展开了广泛而又热烈的讨论。因受时间和规模限制,有许多新观点和新思路提出后,尚难进行深入分析。这次沙龙权作抛砖引玉,期待以后有更多机会继续扩大研讨范围,并希望此次初步尝试能够引起更多有关专家、企业家和民众的广泛关注和参与,为共同推进三沙设施渔业实施方案的早日出台和付之实施而贡献力量。

最后,谨代表此次学术沙龙的全体参会人员,向中国科协、海南省科协、海南南海经济技术研究院和海南大学等单位,精心组织本次沙龙活动的所有同仁,表示衷心感谢!

雷霁霖　郭根喜　张本
2012 年 12 月

目　录

会议时间
2012 年 12 月 3 ~ 4 日

会议地点
海口市寰岛泰得酒店

领衔专家
雷霁霖 郭根喜 张 本

张 本：

中国科协第 71 期新观点新学说学术沙龙——三沙设施渔业模式，由中国科协主办，海南省科协和海南南海经济技术研究院承办。

党的十八大报告中提出了"提高海洋资源开发能力，发展海洋经济，保护海洋生态环境，坚决维护国家海洋权益，建设海洋强国"的战略任务。2012 年 6 月国务院批准设立地级三沙市，中共三沙市委、市政府对三沙建设提出了渔业先行和保护先行的方针。三沙渔业如何发展？三沙设施渔业发展的模式如何选择，成了国内外科技工作者和民众普遍关心的热点问题。中国科协第 71 期新观点新学说学术沙龙就是在这样的背景下召开的，从而引起了全国各地学者、专家和第一线海水养殖工作者的关注。出席这次沙龙的有来自北京、上海、山东、广东、广西、海南等地的国家和地方科研院所、高等院校、行政管理部门和渔业生产一线的，从事渔业装备、海水养殖、海洋环境保护、海洋渔业资源、海洋捕捞、海洋经济规划和战略研究等领域的院士、教授、研究员、高级工程师和三沙养鱼工作者。本次沙龙将围绕三沙设施渔业发展中的网箱养殖设施渔业新模式、礁盘增养殖设施渔业新模式、设施渔业技术体系和管理体制新模式等三个专题开展学术探讨。沙龙采取由专家发表主题发言，然后自由发言。三沙设施渔业是一个崭新的课题，从国家层面上分析，事关维护海洋权益，涉及国家核心利益等,意义重大又深远;从海洋生态与环境保护的层面上分析,关系海洋和海岛生态系统保护,三沙海洋渔业可持续发展的战略性问题;从渔业经济发展层面上分析,与渔业增产增收和渔民的生产生活直接相关;等等。所以,三沙设施渔业模式的探讨不仅仅是学术问题,更关系到三沙的国家主权维护、生态文明建设、渔业经济健康和持续发展等问题。

南海现代渔业发展战略

◎雷霁霖

"沙龙"意味着可以自由发言,自由讨论,我很喜欢这种形式。我想当前谈"三沙设施渔业模式"这个命题非常好,很有意义,也是一个非常现实的问题。我今天要报告的题目是《南海现代渔业发展战略》,我的意思是说,建设三沙设施渔业,首先要把它放在建设现代渔业的高度上来认识。就此来谈谈个人的观点。第一,总体而言,应该以建设南海现代渔业为核心来考虑南海的渔业问题;第二,我们现在要做的事绝不是简单地按照陆域近海两个模式复制,而是要求根据南海海域的实际情况做出创新;第三,我们需要高起点、走工业化生态型的养殖之路,这才是我们在南海发展养殖产业的必由之路;第四,根据现在树立"海权"的迫切需求,我们在南海开展设施渔业建设,无疑是目前发展养殖产业的最佳选择。

先谈谈南海的渔业战略形势和渔业资源现状。对此,在座的各位尤其水产专家非常明白。南海是我国最深、最大的陆缘海,面积约 350 万平方千米,其中位于我国传统疆界线内的面积约 290 万平方千米。南海面积辽阔,资源丰富,是我国重要的能源基地和交通要道,在国家发展战略和能源安全体系中有着无可替代的重要地位。南海地处热带,属热带海洋性季风气候,具有终年高温、雨量充沛、季风明显和易受台风影响等特点。海中分布着许多珊瑚礁和珊瑚岛,统称为南海诸岛,分为东沙群岛、西沙群岛、中沙群岛和南沙群岛。南海海域内自然资源十分丰富,包括渔业资源、航道资源、各种金属矿产资源,尤其是海底石油和天然气储量巨大,具有非常广阔的开发前景和巨大的利用价值。但是,南海北部,因严重过度捕捞,近海生物量衰减,总渔获量和单位捕捞渔获量大幅度降低;渔获物中劣质种类比重增加,传统优质渔获比重下降;传统经济鱼类的渔汛消失,局部海域出现生态荒漠化现象;50% 以上的渔民只要出海捕鱼均处于亏损状态,迫切需要开发新的渔业资源。渔船捕鱼作业存在着作业时间短、流动性大、支援性差、经济效益低、加工能力弱等弊端,捕捞生产受到制约,所以发展海水增养殖业是南海新的发展方向。

下面,谈论第二个问题,关于开发南海设施渔业新模式。要以工业化养殖理念为指导,高起点,开创海陆接力、基地化、岛链化、多元化南海养殖新版图。

第一,要构建管理型的放牧式人工或半人工渔场(生态型)。天然鱼礁与人工鱼礁相结合,改善海域生态环境,营造热带海洋生物良好的栖息地,为鱼类等提供繁殖、生长、索饵、庇护和避敌场所,达到保护南海种质资源、培植放牧式渔业的目的。

第二,要构建深远海移动式养鱼工船模式。因为南海处于热带海洋,又都是深远海,基本上没有浅海,台风出现频率高。在这样的海况条件下,首先需要我们去研究的是深远海养殖工船的结构、材料、箱体等面临的许多装备问题;因为深层海水的温度较低,且较稳定,一年四季基本相同,用来育苗和养殖无疑十分适宜,所以需要我们去研究外海深层海水的提取方法;在利用深层海水开展苗种培育和养殖技术的探索中,需要我们去大力创新。我想,采用海陆接力的方式、方法,是完全可以做到的,因为岛礁上可以建立基地,和海上相结合。开发养鱼工船的系统工程已经不是什么新鲜事了,日本和法国早在30年以前就已经有了这种模式。但是对我们来说,研究养殖工船在南海防御台风的方法,建立海上移动式养殖工船,目前还只是一种设想。总的来说,需要去研究的问题有很多:①研究深、远海养殖工船(结构、材料及箱体系统);②研究外海深层海水的提取利用方法、海陆接力苗种生产方法;③研究工船的海上锚泊方式,开发工船驱动系统;④研究工船遭遇海况变化胁迫时,实施安全转移的方法;⑤以南海区主养鱼类为开发对象,建立海上移动式养鱼工船全产业链的管理系统和匹配相宜的支持系统。

第三,母港(母礁)型的人工鱼礁群的规划与建设。对可利用的主要岛礁实施勘探、规划与建设,建立具有海水淡化、油料储存、一定加工能力的补给基地,进而向外辐射,与周围的卫星岛礁串联形成养殖岛链,实施养殖、加工一体化和岛礁鱼类增养殖一体化的牧业化生产、管理系统,实现常年住人、实质控管,以保护、开发、全方位利用南海自然条件、渔业资源为大目标。这就是我的一个初步设想。

第四,远海岛礁系列装备的工程开发,就是组装、配套、开发远程控制的系列技术,包括在清洁海水淡化装备与技术,岛礁区持续安全生产的战略功能,南海休渔期开展鱼类养殖过程中的生长、生理及行为学研究,以及与渔业设施之间的适应关系等方面进行广泛调研,其目的就是为了建立一个典型的南海设施渔业养殖样板。

第五,现代深水网箱的构建。深水网箱在沿海一带有着比较成功的经验,有大网箱和小网箱、升降式网箱等,但恐怕适应不了南海浪大风急的作业环境。南海是一个特大试验场,要先小试,成功后再推广。网箱养殖装备要求实现标准化、系列化、数字化、物联网管理的大型或超大型网箱的营运,并要不断融入新的科技元素。如网箱材料的强度、防污、防腐处理、抗风浪和抗老化等方面要有新的突破;配套装备的安装和操作要求实现大型化、智能化管理,使网箱体积增大的同时仍能保持操作方便,网箱有效体积的利用和养殖环境的优化又能够得到充分保证。

最后,关于设施渔业开发的长远战略目标,有这样几句话想表达一下我的意思:一是,要"官—产—学—研"携手共树海权,走海洋强国之路;二是,随着综合国力的增强,要高起点打造南海工业化渔业;三是,古有"屯田戍边",今有"屯渔戍边",通过设施渔业的发展,将可促进南海地区的长治久安;四是,设施渔业扎根南海,并与捕捞业相结合,可以作为远洋捕捞的加工、储藏平台,利于实现多元发展;五是,攻克能源、生物资源开发难题,积累远海管理与环境保护技术经验,都是今后重要的研究课题。总之,南海渔业战略地位十分重要,它是保卫、规划、建设我国海域疆土的一项宏图伟业,所以要全力以赴,加速推进。

三沙海域自然资源与设施渔业发展模式探讨

◎张 本

　　我想通过对三沙的条件分析提出一些设施渔业发展的模式。

　　三沙海域初级生产力较低,按营养动态法估算,南海海区每平方千米海域的年持续鱼产量为 1.35 吨,三沙管辖约 200 万平方千米海域的可持续产鱼潜力约为 270 万吨,除去沿海国家和地区的捕捞外,余存捕鱼潜力有限。所以,通过发展礁盘设施渔业,提高开发能力,对推进三沙渔业经济发展和维护国家海洋权益至关重要。这也是三沙渔业的当务之急,今天我谈谈自己的看法。

　　首先,对三沙海域自然条件与资源作简要介绍。一是水文气象:三沙位于热带,受热带海洋性季风气候影响。其气候特点:光热资源丰富,终年高温,雨量充沛,干湿季分明,常风大,风能资源丰富。西、中沙多热带气旋,但南沙较少。三沙海域水文特点是比较深,除了岛礁以外,南海平均水深 1212 米,最深处 5559 米;礁盘水深约 1(南沙禄沙礁)~80 米(南沙郑和群礁)。表层海水温度 30℃上下,但水深 30~200 米的温跃层水温变化较大,可从 30℃急剧降至 14℃左右,温跃层以下水温缓慢变低。海水表层盐度呈高盐度的特征。海水清澈,透明度都在 15 米以上,最高达 34 米。但礁盘内海水透明度普遍较高,多数为 15~20 米之间。礁盘内海水水质良好,各类污染物含量都未超过一类海水水质标准。秋、冬平均波高最大,与这两个季节平均风速有关。二是岛礁资源:西沙有 8 座环礁、1 座台礁、1 座暗滩,干出礁礁体面积共有 1836.4 平方千米,其中礁坪面积 221.6 平方千米,潟湖面积 1614.8 平方千米,各礁盘水深不等,多数在 3~16 米,有的深达 50 米。南沙有环礁潟湖 40 个,浅水面积 2396 平方千米,水深有 2~15 米,多数在 15~30 米,个别深达 80 米。中沙环礁总面积

150 平方千米,其内部形成一个面积为 130 平方千米的潟湖,平均水深 9～10 米,湖心可达 19.5 米,潟湖东南端有一个宽 400 米的通道与外海相连,这条水道水深9～11 米,宽360～400 米,中型渔船和小型舰艇可由此进出。礁盘是由珊瑚虫和造礁生物世世代代分泌的石灰质骨架和砂砾聚积而成,西沙群岛珊瑚礁的成长率约每年 1～3 毫米,生长很慢。礁盘生态系统极为脆弱,一旦受到破坏,很难修复,所以保护珊瑚礁生态极为必要。三是增养殖生物资源:鱼类主要有石斑鱼、军曹鱼、豹纹鳃棘鲈(俗称东星斑)、裸颊鲷、笛鲷、鞍带石斑鱼(俗称龙胆石斑鱼)、波纹唇鱼(俗称苏眉)等。贝类主要有砗磲、马蹄螺、大法螺、红螺、白蝶贝、黑蝶贝、企鹅珍珠贝、九孔鲍、耳鲍、羊鲍等。海参类主要有梅花参、巨梅花参、糙刺参、黑海参、玉足海参等。海藻类主要有凝花菜、凤尾菜、弓江蓠、西沙马尾藻、匍枝马尾藻、珍珠麒麟菜等。

第二个问题,我想谈一下发展三沙设施渔业模式的问题。根据三沙礁盘的水文气象条件,我认为应该按规划适度有序发展设施渔业,三沙发展设施渔业必须调查先行、规划先行、适度发展、有序发展,假如随意发展就乱套了,就容易出问题。在低潮时水深在 12 米以上的礁盘内可适度发展抗风浪养殖网箱,低潮时水深浅于 12 米的礁盘可适度发展礁盘增养殖和工厂化繁育苗种等增养殖渔业。对它们的发展模式提出如下看法,供参考。

我构思的第一个模式是抗风浪网箱渔业产业化发展模式。抗风浪网箱养殖技术和设施经过国家"九五"、"十五"、"十一五"、"十二五"科技攻关,设施和技术都比较成熟。三沙可利用低潮时水深在 12 米以上的礁盘,适度发展网箱渔业。在产业化生产方式上应根据三沙风大、浪高、流急的特点,探索出因地制宜的工艺流程。建议在产业结构上形成产业链:从亲鱼培育到人工繁育鱼苗、培育鱼种、饲料、病害防治、养成、捕获、运输、储藏、加工、质量监测、市场开拓,同时要和科技、金融、保险等组成一个比较完整的产业链。

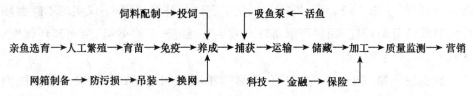

通过以上的抗风浪网箱渔业产业化发展模式,使单纯的网箱养殖生产与鱼

产品的"市场—产品安全—加工—养殖、贸易—工业—渔业—科技—金融—保险"紧密结合,走产业化之路,从而形成"网箱渔业"的产业化概念。从宏观层次,"网箱渔业"是以结构调整和生产方式升级为主要途径,以合理设计为主要手段,建立起以相关产业共同参与为主要标志的"网箱渔业"产业化体系。本模式可以设想通过建造技术先进的渔业加工补给母船来实现,补给母船既可运输活体水产品,又可行使加工和后勤补给等功能,成为"网箱渔业"产业化的流动平台,此渔业加工补给母船可与海洋捕捞兼营,实现一船多用。这个"网箱渔业"产业化路子,可由龙头企业牵头,通过创建产业化园区得到实现。

我构思的第二个模式是礁盘增养殖生态循环模式。就是以礁盘里面的海藻作为基本的原料,也包括浮游植物、浮游动物、有机碎屑等,作为贝类生长的饵料,贝类所产生的粪便作为海参的营养,海参所产生的粪便经微生物分解,转化为营养盐又来营养藻类,周而复始构成一个良性循环的生态模式,以达到保护礁盘的生态平衡与环境良好的目的。实施礁盘增养殖生态循环模式,发展循环经济,推进三沙礁盘设施渔业可持续发展。三沙礁盘增养殖生态循环模式构建如下:

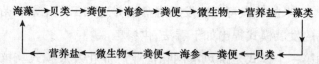

三沙礁盘发展设施渔业,保护生态与环境是重要目标。为此,在开发礁盘增养殖中,采用以上生态循环模式,建立结构优化的自我循环运转的多元化生态系统,形成新的互利共生的循环经济网络,则可变"资源—产品—废弃物"的传统单向线性经济为"资源—产品—再生资源"的流动性循环经济模式,将废弃物转化为再生资源,实现持续利用。在实施中,应按循环经济的减量化、再利用、资源化三原则,通过生态设计,建立起能够自我运转的"生产者—捕食者—分解者"生态系统,充分发挥多元化生态位互补的作用,不仅实现了礁盘环境的自我修复与调控,而且可取得较高的生态、经济、社会效益,突出其环保性、防病性、高效性等优点。

我构思的第三个模式是工厂化繁育苗种旧船利用模式。发展三沙设施渔业,从大陆运送水产苗种到三沙养成,由于中途遥远,饵料难以保证,再加上海水盐度、温度等条件变化较大等原因,成活率较低。在三沙海岛上建设育苗基地,因土地资源紧缺可行性不大。如何解决礁盘增养殖的苗种问题?是否可以考虑利用废弃的旧船,经过改造,停泊在岛礁海域,或就地建造钢筋混凝土平台,对苗种生产中的生产、生活、后勤服务等进行统一设计,建成海上水产苗种繁育平台?这就与前面雷院士所构思的"养殖工船"很相似。

为了推进以上构思的实现,最后我想对发展三沙设施渔业提出以下七条建议:第一,积极发展三沙设施渔业,坚决捍卫国家主权。要正确处理三沙维权、生态保护、开发建设的关系,探索建立国际上有争议海岛维权、生态、经济协调发展的新模式,走出一条"以开发促维权,寓维权于生态保护和开发之中"的新路子。第二,要加强生态与环境保护。礁盘生态系统十分脆弱,三沙设施渔业建设中必须实施"在保护中开发,在开发中保护"的方针,把生态建设和环境保护放在首要位置。因此,调查清楚礁盘的环境容量和增养殖容量要走在开发之前。第三,要建立三沙设施渔业的科技支撑体系。实现三沙设施渔业可持续发展,必须以科技为支撑,要将各种设施渔业的发展模式建立在科学和高新技术的基础上,科学考察、科学规划、科学论证、科学实施、科学监控、科学管理,显得格外重要。第四,加大国家对发展三沙设施渔业支持力度。三沙远离大陆,基础较差,建设渔业设施,投资成本、运行成本、管理成本等都较高,各种风险又较大。建议国家制定鼓励政策、设立三沙设施渔业专项资金等,加大对发展三沙设施渔业的支持力度。开发模式可采取政府主导、市场导向、龙头企业带动、高科技支撑、产业化发展。第五,要陆海统筹,建立后方精深加工和后勤补给基地。根据三沙的陆域面积很小和海域面积很大的特点,发展三沙设施渔业,主要定位为增养殖基地,除了建造渔业加工补给母船之外,有必要在三亚和文昌等地建立陆域水产品精深加工和后勤补给基地,建设产业化园区,开拓市场,陆海资源和优势互补,取长补短,相得益彰。第六,要加强安全保卫和救助工作。当前,南海国际形势不容乐观,热带风暴频发,自然的灾害和人为的祸患难以避免,所以在实施三沙设施渔业中必须加强安全保卫和救助工作。第七,要建立三沙设施渔业协会。开发三沙设施渔业是一个新课题,要充分发挥渔业协会和相应组织的优势,充分调动和发挥科技人员、一线职工和管理人员等集体的聪明才智,群策群力,科学开发三沙渔业资源,不断提升增养殖技术、渔业信息和水产品流通等方面的服务水平,推进设施渔业健康有序发展。

郭根喜:

我有一个问题,也包括对雷院士发言的问题,一起讲一讲我的观点。海洋牧场人工增殖这个方式是对的,也是一个方向。但是,人工增殖的问题,关键在"增殖"这两个字上。如果用人工的方法放流苗种,会发生生物安全的问题,起码在现阶段如此,我认为要非常审慎,包括苗种的健康审查程序。所以,我认为海洋牧场如果在可控的范围内,是可行的;如果处于不可控的自然状态下放流苗种,是要谨慎的。另外,向海区大量地投放人工构造物,可能也会产生一些后续的处理问题,所以是要有一个科学评估的问题。我比较同意张本教授关于先调查礁盘资源,制订规划后再采取增殖措施的观点。这是一个比较重要的问题。

张 本:

对您的问题,谈一点我的看法。关于在礁盘里发展海水增殖业,是指在环境容量和养殖容量许可的条件下适度放流增殖贝类、海参、海藻等底栖生物,海南正在开展这个方面的工作,是可行的。至于放流鱼类等游泳生物,先要驯化其恋礁性,才能放流,否则容易跑掉,放下去回不来了。至于刚才雷院士提出在三沙投放人工鱼礁,三沙海域除礁盘区域外,平均深度1000多米,投放人工鱼礁难度较大。如果投放沉性人工鱼礁,需要多少礁体材料?如果投放浮性人工鱼礁,固定问题如何解决?所以,投放人工鱼礁在海南岛近海海域可以,在三沙要充分论证其可行性。这么深的海,最好是利用现有的珊瑚礁,放流经过特殊驯化的恋礁性鱼类等游泳生物。所以,开发海洋牧场,我认为应以放流为主。

郭根喜:

我不反对人工放流,担心的是放流苗种健康有没有问题。假如放流大量的苗种都是带病的,将会对整个海区的资源产生很大的问题。所以,要进行风险评估,要重视生物安全性。

张 本:

这个问题很重要。放流的对象必须是健康安全的,且尽量采用本地土著品种,避免外来品种入侵。这个是实行人工放流增殖的前提条件。正因为如此,我构思的第三个模式是工厂化繁育苗种旧船利用(养殖工船)模式,其主要目的就是想就地解决放流优质苗种,确保健康、安全。为此,我也提出了科学考察、科学规划、科学论证、科学实施、科学监管的问题。

雷霁霖:

我认为大可不必担心,我们刚才谈的是设想,也可以说还是幻想。幻想变成现实有一个过程,我非常同意张本教授的建议,咱们一定要先调查,后规划,然后再实施。这样,就可以避免大家可能担心的问题发生。我相信,只要我们稳扎稳打,步步为营地进行南海的开发,这几种方式都有可能实现。至于品种的问题,相信在很长一个历史时期内是不会随便去引进外来品种的,我想本地有相当多的优质品种可供选择,开展本地品种的放流增殖应该是比较安全的。

专题 一
三沙网箱养殖设施渔业新模式

三沙网箱养殖初始水域与发展前沿
◎郭根喜

目前,三沙市是国内最大的海域市,最大的自然资源优势是海,最具发展潜力的也是海。但是,制约三沙市发展的也是海,地缘政治与海洋装备工程技术是主因。

如何利用海、开发海、促进海、获益海、持续海,是三沙市海洋兴市、海洋强市的永恒主题。

我发言的这个题目可能有一点不大好理解,什么叫做初始水域?就是在三沙的哪个区域最先发展网箱养殖比较合适的意思。发展前沿就是生产模式和技术比较先进,有一些技术还需要进行验证。

首先,我们谈三沙市渔业发展,可能遇到很多问题,这个里面有两个层面的问题要解决。第一是生产层面的,设施养殖涉及淡水、种苗、补给、装备、饲料、成本等几个大问题,尤其是淡水,没有淡水首先是我们人不能生存,我们养殖的对象某些生产环节也需要淡水处理,否则没有办法进行。三沙市远离海南岛,目前淡水来源主要是依靠自然界的雨水,但雨水收集的能力非常有限,或者说要收集这些雨水需要花很大的代价。另外一个途径就是通过大量的人工运输淡水,这会给整个可持续生产造成非常大的困难。除淡水之外就是饲料,饲料也要通过运输到达养殖的区域,这就大大增加了生产成本,还有种苗、能源的问题等。所以,就地解决这些问题显得格外重要。第二是地缘政治,所谓的地缘政治,就是说现在南海的问题很复杂,大家很清楚,如果没有一个安定、安全的环境,如何来开展生产?所谓安居才能乐业,国土安全必须依靠强大的军事实力。这个层面我就不详谈了。

发展渔业生产,我认为有四个首先要做的事。第一,就是装备技术先行,我们的所有渔业都要靠装备技术才能支撑产业的发展。第二,渔业资源调查先行,如家底不清楚,笼统谈发展,缺乏基础。第三,岛礁调查先行,包括岛礁的生态生物多样性调查都是我们必须先要做的事。在此基础上谈谈三沙市网箱养殖前沿。第四,规划先行。在这四个前提下我们才能谈得上三沙市的养殖产业发展模式。

如何突破制约三沙市设施渔业的发展瓶颈,在政治敏感、自然灾害(台风)频率极高的背景下,提高这片广阔蓝色国土的生产力,对三沙市乃至整个南海渔业发展模式都具有重大而深远意义。

第二,关于三沙网箱养殖前沿。什么叫做前沿?有两个想法,三沙市应该分为两个发展阶段。第一,先近,就是在地缘政治安全的海域先发展养殖生产。第二,后远,就是主权属我,搁置争议,共同开发的海域。

影响未来养殖发展的关键因素很多,但可归纳为三个方面:生物技术、环境技术、装备技术。可以说,装备技术是协同和促进养殖现代化的关键举措之一。科技进步促进了装备的进步,而科技进步的主要特征之一是通过装备技术进步实现生产力的提高。由此,所有人工养殖行为的过程都离不开装备技术,三沙市设施渔业的发展必须依靠装备工程技术才得以实施。

纵观国内外的渔业装备工程技术水平,以及深远海养殖发展案例,三沙远海岛礁养殖前沿可通过两个发展阶段和两种发展模式实现。

先近,属于第一阶段开发的岛礁有:①西沙群岛之金银岛、甘泉岛、珊瑚岛;②西沙群岛之东岛;③南沙群岛之美济礁。以上三个区域可作为一个初始水域来发展。

后远,属于第二阶段发展的岛礁有:①在第一阶段的成果与经验积累的基础上进一步拓展;②具有综合国力和国与国政治安全互信基础;③以渔业产业需求及渔业科技进步为前提;④发展深远海(移动)养殖;⑤混合编队养殖(捕捞+移动养殖)。

第三,关于两种发展模式。一是远海岛礁养殖模式。我想以三沙和海南岛其他的地方作为母港,建设养殖基地,作为一个暂时的停泊点,也是作为一个管理的基站。同时,有养殖船运输船作为通道,提供物流、加工、运输、补给等。没有这个通道到外面养殖是非常被动的,这个基站的另一个功能是给捕捞渔船作为一个临时停靠点。捕捞渔船上一些比较小的杂鱼、比较次的鱼,可以供给网箱养殖作为饵料。需要解决的技术问题,主要集中在四个方面:①远海岛礁网箱成套装备集成及应用技术;②远海岛礁潟湖区网箱高效养殖技术;③潟湖区网箱养殖配套装备技术;④中国远海岛礁潟湖区产业园区构建。虽然我们在近十年,在设施装备方面取得了很多成果,但是对于远海岛礁这样的复杂情况,将以上四个层面的技术解决好了,就会达到一个效果。这是一个构想图(图略),包括自动投饵、养殖船,还有网箱加工厂,这些都是我们在构想的,技术也属于前沿研究。

最后谈谈岛礁养殖的经营模式。一是驻岛军民自给养殖模式;二是构建渔业生产、远渔补给、休闲观光、军事战略等"四位一体"的远海渔业社区;三是针对南沙群岛岛礁海域资源利用,垦疆戍边。构建"四位一体"的远海渔业社区,具有现实意义及军事战略意义。

辽阔的南海,资源丰富物种繁多。三沙是我国最年轻、最富有的行政区域市。我国设施渔业装备技术目前已能针对 100 米水深开放水域进行设施养殖,远程控制以及数字化养殖技术也进入生产应用阶段。除传统渔场及海洋捕捞方式外,设施养殖将是三沙最具发展潜力的产业,也是三沙海洋经济产业最重要的支柱产业。因此,建议国家尽快立项资助"中国远海岛礁海洋工程技术与养殖模式"专项,彻底解决:远海岛礁网箱成套装备集成及应用技术;远海岛礁潟湖区网箱高效养殖技术;潟湖区网箱养殖配套装备技术。构建中国远海岛礁潟湖区发展模式,为建设强大的海洋强国提供远海岛礁设施渔业典范。

黄　晖:

在礁盘发展网箱养殖对于珊瑚礁的破坏,这个不是太大的问题,因为珊瑚礁很多地方是沙质底的,可以在沙质底处设置网箱养殖区域,如果面积控制在局部区域,还是可以的。但不能规划在军事区内。提到开展珊瑚礁盘的本底调查,我们和海南省海洋规划设计研究院都做了很多工作,已有资料可以共享。但是,总体上说过去的工作还是比较粗糙的,进一步做更详细的综合调查很有必要。至于多少水深的潟湖可以发展网箱养殖,可能还是应该根据具体情况而定,比如说有些潟湖是太脆弱了,有的口门太小,不便于操作等。

张　本：

我认为现在提哪个岛礁先开发和后开发还为时过早，调查研究清楚了再做结论。至于先近后远的开发时序问题，总体上可以这样说，但是站在国家捍卫主权角度考虑，我认为要注意远近兼顾，从捍卫海洋权益上分析更应该从远处着手，捍卫南沙和中沙的海洋权益是我们的当务之急，应该先做布局。

陈积明：

从保障生产安全角度的考虑，应该先开发有设防的岛礁为好。

蔡　枫：

我是搞珊瑚人工养殖的。我认为，珊瑚礁生态系统所处的岛礁是南海鱼类等渔业资源繁衍的最好海域，必须注意保卫珊瑚礁生态系统。如果把珊瑚礁破坏了，南海的鱼就更少了。

离岸网箱发展中存在的问题和三沙市养殖发展的策略

◎江 涛

先谈谈三沙管辖海域网箱养殖工程面临的主要问题。我国三沙管辖海域约200万平方千米,深远海养殖网箱与国际先进技术比较还存在着以下问题:一是深远海网箱装备结构尚未定型,网箱装备的结构定型对产业发展具有重要意义,相关的配套设施,如投饵机、网衣清洗机、换网机械、起捕装置等需要围绕网箱型式进行研发。我国推广的网箱主要为挪威的 HDPE 网箱和日本的浮绳式网箱,占深水网箱总数量的90%以上。然而,这两类网箱均属于重力式网箱,依靠配重维持有效养殖体积,而且受配套技术限制,多数没有升降功能,因此在我国尤其是东海区等浪高流急、台风频发的海域,不能很好地适应,网箱多数仍布置于15米以内的浅海域,尚不能称为真正意义的深海养殖网箱。二是深远海网箱抗风浪、抗流性能及结构安全研究理论仍有差距,国外引进网箱在没有得到充分理论和试验论证的前提下就大范围推广,缺少研究基础,试验技术和科学理论都比较匮乏。近几年,我国在网箱的抗风浪和抗流性能研究方面取得了长足进展,相关研究机构和高校在发展试验技术和相关理论方面做出了较大贡献,目前已基本突破各类网箱结构的模型试验技术,实现了重力式 HDPE 网箱的数值模拟,但在其他型式的网箱数值模拟理论研究方面仍比较落后。三是新型专用网箱材料技术仍未突破。我国沿海多数海域浪高流急,应用最广的 HDPE 网箱和浮绳式网箱并不适合我国深海海况特征,新型网箱结构和网箱材料尚待研发。我国钢质网箱所用钢材的防腐蚀技术多采用喷铝或喷锌结合环氧漆涂抹技术,防腐性能有限,亟待重点突破网箱专用材料的防腐蚀技术。四是配套设施与技术研究依然落后,网箱装备的发展在很大程度上依赖于配套设施的研发,没有配套设施的强力支持,网箱装备无法推广应用。受产业基础的限制,现有的网箱制造公司并没有过多地涉及配套装备的研发,也未能找到合适的配套企业,这是我国深海网箱养殖产业面临的最大问题。

从发展策略的战略目标分析,针对我国南海海域区域性特点以及渔业发展要求,按照"安全、高效、生态"的基本定位,加强科技创新与装备研发,建立积极的政策与财政专项,引导大型企业介入海洋渔业,逐步推进,形成工业化的海上养殖生产无疑是一个重点发展方向。在近海开放性海域,充分利用现有岛礁环境,构建一批集深水网箱、人工鱼礁、海底藻场为一体的生态工程化海洋牧场,达到以修复区域性水域生态环境为前提的网箱养殖生产效应。在远海海域利用岛礁或原钻井平台建立深海养殖基站,发展一批大型养殖网箱,开展以区域性特定品种为主的规模化养殖生产。利用老旧大型船舶,改造一批集成鱼养殖、苗种繁育、饲料加工、捕捞渔船补给及渔获物冷藏冷冻等功能为一体的大型海上养鱼工船,在南方海区"逐水而泊",利用最佳的水温与水质条件,发展南方温水性鱼类规模化养殖平台。至2020年,将全面形成我国面向深海、合理分布于主权海域的海上水产品养殖生产与流通体系,实现海洋渔业由"捕"向"养"的本质性转变,建立领先于世界的工业化蓝色农业生产体系。

在发展思路上,首先,要优化现有网箱设施,构建步入深水的生态工程化网箱设施系统。进一步研究与优化现有HDPE重力式深水网箱设施的箱体沉降、箱形抗流和锚泊构筑性能,使深水网箱具备走出湾区,走入深海的能力;研发新型沉式深水网箱;结合人工鱼礁、海底人工藻场构建技术,建立区域性海流可控、自净能力增强、牧养结合的生态工程化海洋牧场。第二,要构建深海养殖基站,发展新型抗风浪网箱。开发远海岛屿,利用原海洋钻井平台,建立深海养殖基站,研发具有深海抗风浪及抵御特殊海况性能的新型抗风浪网箱,构建以海洋基站为核心的规模化网箱设施养殖系统。第三,研发大型养鱼工船,构建游弋式海上渔业平台。以老旧大型船舶为平台,变船舱为养殖水舱,变甲板为辅助车间,成为具有游弋功能,能在适宜水温和水质条件海区开展养殖生产,可躲避恶劣海况与海域污染的大型海上养鱼工厂,并成为远海渔业生产的补给、流通基地。第四,要研发机械化、信息化海上养殖装备与专业化辅助船舶,提高生产效率,保障养殖生产。针对海上规模化安全、高效养殖生产的要求,研发起网、投饵、起捕、分级等机械化作业装备及数字化控制系统,构建生产控制、环境预报、科学管理信息系统,提高生产效率;研发燃油、淡水、食物供给以及活鱼运输专业辅助船,为远海养殖生产提高保障。

今后发展的重点包括:一是要加强技术创新与系统集成研究,构建近海生态工程化网箱设施系统。重点以三沙海域生态保护与修复为前提,通过网箱结构的技术创新以及网箱设施系统与人工鱼礁、海底藻场的系统集成,建立近海生态工程化海洋牧场构建与网箱养殖生产技术体系,逐步完善并形成适合于不同海洋环境与养殖生产要求的系统模式,在沿岸近海开放性海域,合理分布,形成一定规模的近岸蓝色农业产业带。二是应用现代海洋工程技术,研发大型深海网箱,构建海上养殖基站。针对我国南海海域特点,以现代海洋工程技术为支撑,跳出近岸富营养化水域,发展离岸养殖设施,通过研发大型深远海网箱,以南海海域为重点,构建依托原钻井平台或适宜岛屿的海上养殖基站,形成具有开发海域资源、守护海疆功能的渔业生产基地(离岸网箱发展路线见图1)三是结合现代船舶工程技术,研发大型海上养殖工船,构建游弋式海洋渔业生产与流通平台。以现代船舶工业技术为支撑,应用陆基工厂化养殖技术,研发具有游弋功能,能获取优质、适宜海水,可躲避恶劣海况与水域环境污染,在海上开展集约化生产的养鱼工船,并以南海海域资源开发、海疆守护为重点,在养鱼工船的基础上,形成兼有捕捞渔船渔获中转、物资补给、海上初加工等功能的游弋式海洋渔业生产平台。

按照逐步进入深远海的思路,全面构建符合"安全、高效、生态"要求,开展集约化、规模化海上养殖生产体系的发展定位,以近海生态工程化网箱设施系统、深远海网箱养殖基站、海上养鱼工船为重点,通过科技专项支持,突破关键技术,研发现代化装备,构建系统模式,形成技术体系与规范,为产业发展提供可靠的技术支撑。通过政策引导与资金支持,鼓励企业,组织渔民进入深海,发展海上养殖业。使海上养殖生产系统得到合理分布,近海资源与环境得到有效保护,渔民实现转产专业生存有所依靠,面向海洋的养殖生产实现有效发展,我国海域疆土得到更多海上居民的有效看护,海洋渔业由"捕"转"养",实现蓝色转变。

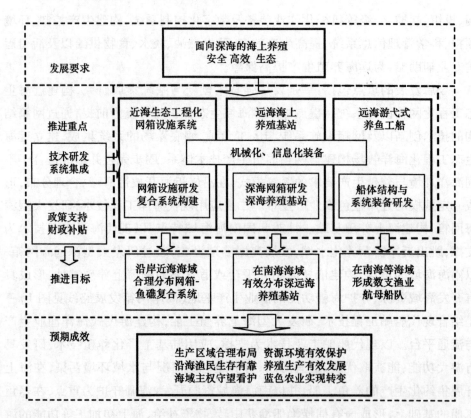

图1 离岸网箱发展路线图

郭根喜：

这么好的技术、装备，在三沙市大概设置在哪个地方比较合适？网箱如何固定？

江　涛：

我们讨论过这个问题，珊瑚礁生长很慢，我们比较侧重养鱼工船的构建。如果利用石油平台来构建养殖工厂，估计是十年、十五年之后的事情。至于网箱的固定，我想用锚固问题不是很大，因为锚有很多种，像三角锚，还有直接打到下面的"炮弹锚"，对礁盘的影响比较小。

陈积明：

养鱼工船设施很先进，如何操作？

江　涛：

养鱼工船本身是有动力的，我们这里是把它当做一个驳船使用。如果水环境好，基本上在这个水域里面养殖。碰到环境恶劣的情况，如遇上14级台风时，要做好预警工作，本身有动力也可以开走。

陈傅晓：

可移动的养鱼工船在三沙海域多大吨位比较合适？移动时抛锚怎么样解决？以不破坏珊瑚生态系统为原则？

江　涛：

养鱼工船，如果规划的太小，体现不出来商业价值。根据手头现有资料，就是利用10万吨废旧的游船，有这个意向也在洽谈当中。它走得比较远，就相当于远洋船了，要抛锚也是在离岛礁比较远的海域，不会在岛礁附近养殖。

三沙发展网箱养殖的实践和体会
◎卢传安(由李育培代其发言)

第一,介绍一下我们琼海时达渔业有限公司在三沙发展深水网箱养鱼的概况。从 2011 年 9 月开始我们投资了 2000 多万元在西沙永乐群岛石屿海域建立起了西沙唯一的一家深水网箱养殖基地,覆盖海域 180 公顷,目前深水网箱已经达到了 120 口。饲养有约 1 万尾龙胆石斑鱼、15 万尾军曹鱼,预计可年产绿色无公害的水产品 800 吨以上,年产值可达 2500 万元以上,直接带动了 150 名以上的渔民在三沙从事深水网箱养殖业。公司计划未来 3 年左右,在三沙建成 500 口以上的深水网箱养鱼基地,年产绿色无公害的水产品 2000 吨以上,把公司打造成为三沙深水网箱养殖的样板企业。

第二,介绍我们的网箱养鱼模式。一是养殖海区的选择。养殖海区应选址在有岛礁屏障、避风效果好、风浪较小、潮流通畅、海底坡度较小、水质清澈、海水流向平直而稳定、水深 15 米以上的无污染开放性海区。我们认为,比如西沙的永乐群岛环礁、华光礁,中沙的黄岩岛和南沙的渚碧礁、美济礁等潟湖海区都是比较适合深水网箱养殖的。二是网箱及配套设施。深水抗风浪网箱应由网箱框架结构、网箱浮力装置、网衣、网衣稳定装置、网箱固定装置等部分组成,其中锚定固定系统尤其关键。网箱材料应具有表面光滑、抗冲击、抗紫外线、寿命长、强度高、柔韧性好、耐腐蚀等特点。网箱应具有能抵抗 12 级以上的台风和 5 米以上大浪的能力。网箱呈方形或圆形均可,周长在 25～80 米之间为宜,网衣深度应大于 6 米。深水网箱占据海域面积应小于该海域可养面积的 15％,深水网箱距岸边礁盘或浅滩应在 500 米以上。深水网箱布设可以多个网箱组成鱼排式结构设置(这种适合方形网箱);也可布设单个网箱单点固定分散式设置(这种适合圆形网箱)。若多个网箱组成鱼排结构,网箱排列应按顺水流方向平行布设,鱼排与鱼排之间应间距 100 米以上,同一鱼排相邻的网箱之间应间距 3 米以上,每个鱼排的网箱数量以不超过 15 个为宜,以增强抵抗台风的能力;若以单个网箱单点固定分散式设置,则网箱间距 40 米以上为宜。相关的配套设施,包括生产和生活管理平台、发电机组、大型冻库、运输船、工作小艇、饲料加工机组、高压洗网机、病害检测设备、水质检测设备等。苗种选择,放养苗种时首先要考虑选择适合当地海区饲养的品种,而且最好选择生长速度快、经济价值高的品种。要求选择的鱼种体质健壮、无伤病、规格整齐。放苗时要进行消毒处理。日常管理要做到勤观察、勤检查、勤洗箱、勤检测、勤防病、勤记录,投饲要耐心细致。

第三,介绍深水网箱的抗风浪问题。在三沙搞深水网箱养殖,大家最担心的还是台风问题,对深水网箱抗风浪能力到底怎样心里没底,对于这个问题也经常有人问我。在这里我可以很自信地告诉大家,我们的深水网箱抗风浪能力可以达到 14 级以上。西沙基地的深水网箱成功经受住了 2011 年 17 号 15 级超强台风"纳沙"、19 号 15 级超强台风"尼格"和 2012 年 23 号 14 级超强台风"山神"等台风的考验,台风过后我们的深水网箱依然完好地保存了下来,而且网箱里的鱼也没有受到很大的影响。这些足以证明我们的深水网箱抗风浪能力是良好的。我们的深水网箱抗风浪能力这么强主要取决于两点,一是我们的养殖基地的选址,二是锚固系统和网箱比较坚固。

黄晖、郭根喜、刘红喜、张本、王惠、刘晓春等饶有兴趣地提出了不少问题。何炳一一做了答复,综合如下。

何　炳:

网箱在礁盘附近设置的最大水深是 20 米,网箱的布局离礁盘的距离不能太近,否则被风推到礁盘上去,距离礁盘以 500 米以上为好。锚固系统坚固,网箱位置很小位移,台风后最大位移仅十几、二十米。台风对网箱和鱼损害很小,鱼损伤很小。为防污损生物,网具每个月清洗一次。养殖成活率比较高,生长速度很快,2012 年年底就有很大一部分鱼可以上市了,估计效益会较高。养鱼网箱的规格是 7 米×7 米,每口可产鱼上万市斤。这种模式在三沙推广可能性大。对养殖区底质未做过调查,估计没有什么沉积物,因为海域的海流速度较大。对于是否会造成海域污染,这是个大问题,政府部门必须加强监测和监管。

石建高：

我简单介绍一下中国铜合金网衣网箱海水养殖项目进展及成果。这个项目是从2009年12月7日开始，还差几天就三周年了，养殖的试点从北到南，在大连、威海、浙江大陈岛海域进行试验。按试验结果，主要有三个问题：一是传统网箱存在的主要问题有：抗风浪能力较差，传统网箱设置密度大，用合成纤维网衣污损严重，网箱内外水体交换能力差，可供发展的近岸资源有限等。二是离岸网箱存在的主要问题：网箱用合成纤维网衣污损严重，重力式网箱在强流下容积损失率大，合成纤维网衣网箱日常换网花费大量劳动力并有可能损伤养殖鱼类等。三是铜合金网箱的优势：有效防止生物污染，抑制水中微生物以及海藻等在网箱上的附着和生长，减少因清洁、换网对鱼类生长造成的影响，增加水体流动和含氧量，有利于鱼类的健康和成长。铜合金网衣坚固，能够减少捕食动物（海狮、鲨鱼等）的攻击，防止鱼类逃逸。铜合金网箱容积保持率大，可提高养殖密度。铜合金网箱抗污染，为鱼类创造更健康、更清洁的生长条件，提高饲料转化率，减少养殖饲料消耗。使用寿命长，使用周期结束后可100%回收利用。通过以上比较，我认为铜合金网箱存在推广的前景。

浅析大型深水网箱安全性问题

◎黄小华

　　深水网箱是我国海水网箱养殖的重要发展方向,养殖容量大、养殖效益高是深水网箱养殖最为显著的优势。随着深水网箱养殖技术的日渐成熟、养殖经验的积累,目前一些养殖公司开始倾向于利用更大的网箱进行大容量养殖以获取更高的收益。比如在同等条件下,一个周长60米网箱的养殖产量是40米周长网箱的2.25倍,一个80米周长网箱的养殖产量是40周长网箱的4倍,大型深水网箱高产量的优势是非常明显的,但同时大型深水网箱也有价格上的优势。举个例子来说,在相同养殖容积下,一个80米周长网箱相当于一组(4个)40米周长深水网箱,但两者价格却相差很多。以目前市场价,一组40米周长网箱的整套价格是22万元左右,而一个80米网箱的价格大约为14万元,节省了近35%。从成本上考虑,发展一个80米周长网箱比建设一组40米周长网箱更有优势,尽管产量是相同的。从产量、成本、收益方面分析,深水网箱养殖朝着大型化方向发展已成必然趋势,这也可从国外网箱养殖发达国家如挪威、澳大利亚的网箱大型化发展历程中看出,如今挪威最大网箱周长已达到160米,澳大利亚最大网箱周长也已超过120米,我国最大网箱周长目前是80米,但这种规格的网箱还不多,应用较广泛的是60米周长网箱。

　　那么,大型深水网箱的安全性如何呢? 这是网箱养殖者最为关心的问题。同样以前面的例子来分析,在同等条件下,比较一个80米周长网箱和一组(4个)40米网箱的安全性。为什么以这两个来做比较? 是因为他们具有相同的养殖总水体,可以假定养殖产量是相同的。由于一组40米周长网箱所用的网衣材料是单个80周长网箱的2倍,所用的框架材料也要多,因此在波浪流作用下,直接导致了40米周长网箱所受的总阻力更大,网衣变形更明显,网箱所受的锚绳力也更大。现在40米周长网箱组的锚绳是12根,如果80米周长网箱的锚绳也为 12 根,则单根锚绳所受的力仅为 40 米周长网箱组锚绳力的一半,因此,从网箱受力和网衣变形角度来分析,80 米周长规格的网箱反而具有更高的安全性。另外,规格越大的网箱其框架的柔性更好,更容易与波浪相协调。

如果比较单个网箱固定方式的情况,毫无疑问,规格越大的网箱所受的阻力是越大的,相关试验结果表明,60 米周长网箱阻力是 40 米周长网箱阻力的 1.5 倍,80 米周长网箱是 40 米周长网箱的 2 倍,大规格网箱在台风风浪条件下破坏往往是发生在框架和锚泊系统上,如框架的弯折和锚绳的断裂,分析其原因主要是因为锚绳力过大,超过了浮管的极限载荷。因此,可以通过增加锚绳数量的方法来解决。建议单个固定 60 米周长网箱用 6 ~ 8 根锚绳,而 80 米周长网箱采用 10 ~ 12 根锚绳固定。另外根据试验结果,规格越大的网箱还可以通过适量增加锚绳长度来减小锚绳受力的目的,从而提高网箱抵御自然风险的能力。所以,我认为大规格网箱是安全的,且规格越大越安全。

目前制约大型深水网箱养殖发展的最主要的一个因素是缺少配套装备,尽管一些网箱控制装备已经研制出来了,但距离批量生产及大规模应用还需要一段时间,80 米周长网箱仅靠人工操作和管理比较困难。因此,建议三沙市可优先考虑发展 60 米周长网箱,因为这种规格网箱的养殖技术已经很成熟了,人工操作一点问题也没有。待配套装备推广普及应用后,可再发展 80 米周长网箱。

郭根喜:

针对三沙海域底质条件下发展大型网箱,其安全性有什么考虑?

黄小华:

目前来讲,网箱安装安全主要涉及锚泊系统的安全,国内用得最多的锚泊方式就是“铁锚”和“水泥锚”,打桩的方法基本上不用了。“铁锚”的抓力比“水泥锚”要大得多,用“水泥锚”的网箱在几次台风当中都有发生拖动的现象,“铁锚”相对来说要好很多,然而其前提都是要根据这个锚的重量来计算的。自然,网箱的安全性问题,不仅仅是锚泊系统的问题,还涉及网箱材料和连接方式等。对于网箱安全性,我们通过物理实验方法、模型计算方法、海上实测方法,得出受力的理论值参数,根据理论参数再设计出锚重、框架规格、网具和部件配备等,经综合研究才计算出整个网箱的安全性。

刘红喜:

我想谈谈"用海洋工程技术与装备为海南深水网箱系上安全带"。为了解决海南深水网箱的抗强台风问题,我们研制了三项技术与装备。这三项技术包括:①钻孔注浆式混凝土沉箱锚,钻孔深3~5米,放入钢筋龙骨注入混凝土与珊瑚礁融合,适用于三沙海域珊瑚礁地质,为深水网箱、浮游码头、趸船提供新型锚固系统。②利用潟湖礁坪建造大型浮箱式养殖供给保障平台及直升机停机坪,就是采用大尺度筒型基础型可移动混凝土模块(尺寸20米×40米)快速建造技术,该技术的混凝土模块也可以组装统一施工。它是三沙海域深水网箱养殖必备的基础保障工程。③深水网箱新型锚泊——分体锚,自带动力下潜到海底泥沙中埋深8米处锚锤自动分体,抗14级台风,锚绳拉力15吨。

抗风浪深水网箱——三沙规模养殖业的选择
◎ 陈积明

　　三沙市海域气候水文条件好,水质优良与温暖,能加速水生生物的生长速度,具有发展海水养殖业的优越条件,是发展海水养殖业的理想区域。但地处台风多发地,在发展海水养殖时必须做好抗风防风工作。深水网箱养殖是深水海域养殖的一种良好形式。深水网箱具有容量大、效率高、综合成本低、耐腐蚀、抗老化、使用年限长、强度高、柔性好、抗风浪能力强、污染小、环境优、鱼类存活率高、效益好、回报高、鱼产品品质优等优点。抗风浪深水网箱是三沙海水规模养殖业的首选模式。

　　目前我国在深水海域设置的深水网箱,除了少量是经改进的传统网箱外,绝大部分是 HDPE 管圆形浮式网箱。HDPE 管圆形浮式网箱虽然满足深水养殖生产的大部分条件要求,且自称具有抗风浪性能,但在经受强台风侵袭时,抗风浪方面存在诸多缺陷,在 2011 年"纳沙"台风袭来时,临高深水网箱养殖遭到灭顶之灾。台风过后,临高深水网箱养殖业者改进深水网箱的设置,采取了网箱固定系统,由原来简单的木桩改造为水泥墩或新型锚泊——分体锚。这种设置据说可增强抗风性,但还未经受过风浪考验。增强网箱设置固定系统的坚固性是加强网箱抗风浪性能的一个方法。但这种做法使网箱始终处于海面上,始终让网箱遭受风浪的蹂躏。深水网箱的最佳抗风浪方式是沉降式。在风灾来临之前,将网箱沉降在水下,从而使深水网箱免受海面上的风暴摧残。根据目前使用的 HDPE 圆形管浮式网箱,经过简单的改装,采用排放及压进法,将网箱 HDPE 圆形管的气和水进行转换,就可变成沉降式深水网箱,从而就可成抗风浪深水网箱,这样,深水网箱就可经受大风浪的考验。

　　三沙海域发展海水网箱养殖,网箱设施首先应具备抗风浪能力。采用网箱固定系统改进为水泥墩或新型锚泊—分体锚方设置深水网箱的方法,能否在三沙海域呈现抗风浪性能还须经受实践考验。但由于三沙海域海底地质不同，灌桩方法在三沙海域恐难实施。因此，在三沙海域发展深水网箱养殖，应考虑采用沉降式深水网箱或其他抗风浪网箱，以保障网箱养殖场业的顺利进行。

孙　龙：

我想问的第一个问题是设计网箱结构时，对于锚拉力、缆绳粗细有没有试行标准？第二个问题是网箱设计中对波浪作如何考虑？按百年一遇标准设计吗？波浪频率不一样，结果会不同吗？

郭根喜：

我们不是对抗海洋，而是希望与海洋和平共处，这需要我们做出努力，熟识海洋、了解海洋、利用海洋，通过工程技术去实现和平共处，获取我们的利益，这就是我们的渔业装备工程技术，这就是关于抗风浪网箱的概念。关于"深水"的概念，张本教授在很多年以前已经提出这个问题了，并对深水网箱的相关概念做出诠释。第二，关于设计等级和标准的问题，现在没有国家标准，也没有地方标准，是今后需要做的工作。关于波浪的频率、波长，设计时按最常见的作为设计参数进行设计。至于锚绳的大小，肯定要经过计算的，什么样的材料有什么样的锚绳波动力。整个网箱的总阻力可以计算出来，实测也可取得这个参数。

南海渔业资源现状

◎张　鹏

　　第一，首先介绍一下南海的主要生态系统。南海渔业资源从大尺度上可划分为：陆架渔业生态系统、珊瑚礁渔业生态系统、深海渔业生态系统。陆架渔业生态系统，包括南海北部和南沙群岛西南陆架区，海域底质平坦，渔业资源丰富，是底拖网等多种作业的优良渔场；珊瑚礁渔业生态系统，西沙、中沙、南沙、东沙礁盘海域，生物种类繁多，盛产优质名贵鱼类和海参等海珍品，小型中上层鱼类也较丰富；深海渔业生态系统，南海海盆除"四沙"礁盘区之外的海域，是大洋性头足类和金枪鱼类的主要分布区。

　　第二，三沙海域主要渔业现状。三沙渔业当前以捕捞为主，仅南沙美济礁存在生产性网箱养殖。根据作业海域和主捕对象的差异，三沙海域主要捕捞渔业的划分包括：①陆架区：底拖网渔业（广西、广东、海南）。陆架区主要是西南陆架底拖网渔业，始于20世纪80年代，高峰时近千艘船，曾是我国南沙渔业的主要组成部分；西南陆架底拖网渔业的特点是经济种类较多，但单一种类所占的比重不高。因油价大幅上涨、涉外风险增加、渔获品质下降，渔业近年来呈萎缩态势；目前仅剩150多艘船，年产量约20000吨，其中广西北海单拖渔船50多艘。②岛礁区：刺钓潜捕渔业（海南、广东），灯光围网渔业（海南、广东）。岛礁区渔业可分为刺钓潜捕和灯光围网渔业。刺钓潜捕渔业包含潜捕、手钓、刺网等多种作业类型，主要在礁盘浅水及边缘区作业。灯光围网主要在岛礁外缘水域作业。礁区刺钓潜捕渔业已持续一千多年，对维护南海主权具有特殊意义。作业渔船200多艘，其中海南琼海约160艘。主要捕捞石斑等高值的礁栖性鱼类及鲨鱼等（高龄高值低产）。礁盘渔场面积有限，资源品种生长周期较长，生态系统相对脆弱。西中沙岛礁资源经多年开发已基本饱和，南沙资源相对丰富，多数岛礁被他国侵占。灯光围网是南海区传统作业，外海围网渔业始于 2003 年左右,目前年作业渔船 150 艘左右,以海南三亚渔船为主,渔期 2～5 月,渔场仍集中于西中沙海域。灯光围网网具规格大、人工成本高、作业网次少,主要捕捞小型金枪鱼类、鲹科等中上层集群性趋光鱼类(低龄低值高产)。岛礁区小型中上层鱼类资源相对丰富,外海灯光围网渔业发展多年,规模和效益一直无法上去。灯光罩网相比围网更具发展优势,广西的灯光渔业已全部改为罩网,广东的围网渔业也呈萎缩趋势。③深海区:灯光罩网渔业(广西、广东、海南)。灯光罩网是 20 世纪 90 年代才在南海北部出现的一种新型渔具渔法,主捕头足类、蓝圆鲹、带鱼、扁舵鲣等中上层趋光性鱼类;渔船夜晚开灯诱鱼,作业时先通过船上的支架将网衣撑开,再扣罩捕捞被灯光诱集到船下的鱼类;深海区灯光罩网渔业始于 2004 年,主捕对象为鸢乌贼,木质渔船为主,渔获冰鲜保存,2011 年汛期投产渔船约 200 艘,包括新造的大型钢质渔船约 35 艘,年鸢乌贼产量约 2.4 万吨、产值约 1.7 亿元;"琼文昌 33180",2005 年 8 月～2010 年 5 月,实际作业 838 天,产量 1448.1 吨,产值 782.0 万元;渔场分为 3 个区域:西中沙邻近深水海域(Ⅰ区)、珠江口外陆架海域(Ⅱ区)、北部湾陆架海域(Ⅲ区);渔船主要在 3～5 月到深海区(Ⅰ区)作业,其他季节在南海北部陆架区生产;渔船年度作业天数相对稳定,区域作业天数的变幅较大。主要渔获包括:鸢乌贼 40.94%、鲹科 21.92%、带鱼 13.56%、枪乌贼 10.17% 和舵鲣 6.21%。深海区(Ⅰ区)主捕鸢乌贼,占 91.10%。陆架区(Ⅱ、Ⅲ区)主捕鲹科、枪乌贼和带鱼;罩网渔船诱捕鸢乌贼时经常会引来金枪鱼群觅食,偶尔捕获几尾;监测船 5 年合计捕获大个体金枪鱼类 5.44 吨,主要是黄鳍金枪鱼和大目金枪鱼。新造大型铁船通常春节后就到外海作业,2011 年罩网渔场拓展至南沙海域,2012 年探捕证明外海罩网渔期至少可延至 10 月。随着外海渔船和网具的大型化,灯光罩网罩捕金枪鱼的效率有了明显提高。鸢乌贼广泛分布于南海深海区,东南亚渔业开发中心(SEAFDEC)和中国台湾分别调查评估其资源量为 113.2 万吨和 150 万吨;目前仅中国大陆和越南渔民分别通过灯光罩网和鱿鱼手钓商业性捕捞,2011 年总产量估计不足 5 万吨,资源开发潜力巨大。南海的大型金枪鱼类目前主要由越南和中国台湾的金枪鱼延绳钓船捕捞;延绳钓渔业的主要作业渔场在中国传统疆界线以内海域。中国大陆曾多次组织钓船到南海探捕,因经济效益不佳未能坚持下来。深海大型罩网渔业的发展为南海大型金枪鱼资源开发提供了新思路。

第三,三沙渔业发展建议。①重点发展捕捞渔业,以鸢乌贼和金枪鱼资源开发为依托,建造大型罩网渔船,加快深海区渔业发展,合理控制陆架和岛礁区渔业规模。②探索发展养殖渔业,注重生态环境保护,探索捕捞渔业下杂鱼的合理利用,探索金枪鱼等高值新品种养殖业的发展。③加快鸢乌贼和金枪鱼等新资源产业体系建设,稳定和提升水产品价格,加强渔业基础建设和研究。

陈积明：

三沙渔业可捕捞量怎么估算？以上介绍的是我们国家的情况,南海周边国家的总捕捞量是多少？

张　鹏：

对三沙的渔业资源可捕量评估因方法不同得出的结果不一样,我只是将捕捞量的数据罗列出来。我们正在开展南海渔业资源新一轮的调查,现在刚刚起步。可捕量在上百万吨是肯定的,具体多少我还不敢说。2011 年南海的鱿鱼价格一下子提高到 4 元多一市斤,渔民捕捞鱿鱼的积极性很高,发展很快。我们的调查还没有跟得上,只能在摸索中发展,不断地积累数据,现在你说有几百万吨的可捕量,我觉得为时过早。

胡卫东：

我从您的发言中得到启发,三沙海域渔业资源较丰富,就存在发展捕捞与养殖的比较问题。就是说在三沙发展网箱养殖的必要性究竟在哪？作为一个模式一般来讲要分析三个要素。第一,动力机制。这与生产的可持续性直接相关；第二,技术上可行性。当然很多专家在讨论中认为三沙发展设施渔业在技术上具有可行性；第三,市场可行性。规模起点是多少,这直接关系经济上的可行性,边界是多少。

张　鹏：

捕捞业也同样存在这个问题。现在渔民在大量造船,国家也在鼓励造,三沙到底有多少鱼可捕? 如果鱼价保持在3.5元一市斤还可以,2011年4元多,然后一下跌到1元多。我认为如果鱼价能保持在3.5元一市斤,5年之后捕鱼量达到50万吨没有问题。现在,北海、广东、海南都在拼命地造船,而且都是罩网船,产能升得很快,假如产能上来了鱼价又跌了,很多船就不出去了。南沙的养殖业肯定要发展,对礁盘环境影响也难免,要顺序渐进,先试点,取得经验后再拓展,比较稳妥。

征庚圣：

胡卫东院长关于渔业技术经济的论证切中了这次学术沙龙的要害。讨论设施渔业模式,不能就技术论技术,一定要放在技术经济发展海洋经济的这样一个大的框架下来进行。在明天的体制机制专题中应更深入地研讨这个问题。

三沙海域发展深水网箱养殖初探

◎陈傅晓

第一，三沙海域网箱养殖情况。三沙除了发展自然的捕捞业以外，发展网箱养殖甚至深水网箱养殖是非常迫切需要补充的一种渔业方式。西南中沙群岛中数南沙群岛的潟湖最多，数量约35个，面积362802公顷（其中全封闭环礁面积14511公顷）；西沙群岛潟湖数量8个，面积91688公顷；中沙群岛就黄岩岛具有潟湖，面积1300公顷。西南中沙群岛中，我国除了掌控着西沙所有的岛礁，中沙的黄岩岛外，南沙群岛包括台湾地区在内我国实际上才掌控着永暑礁、渚碧礁、美济礁等9个岛礁。①西沙海域网箱养殖情况。2010年9月，琼海时达渔业有限公司自筹资金在西沙晋卿岛上建设了3个可容纳80吨小杂鱼的冷库。截至目前，时达渔业有限公司在晋卿岛湾内投放规格为：7米×7米×7米的方形镀锌管网箱130口，主要养殖品种为石斑鱼、军曹鱼等高值品种。从该公司近年来养殖情况来看，效果还不错。②南沙海域网箱养殖情况。南沙美济礁海域共建设网箱62口。临高泽业南沙渔业开发有限公司于2007~2009年间共建设直径12米（周长37.7米）的圆形网箱10口。2010~2011年海南富华渔业开发有限公司建设4米×4米的方形网箱52口。目前海南富华渔业开发有限公司的52口，4米×4米的方形网箱安装在这些圆形网箱内，10口直径12米圆形网箱用于防鲨，不进行养殖作业。其主要养殖品种以石斑类为主。

第二，发展模式。海南现阶段深水网箱养殖情况：深水网箱是庞大、复杂的系统工程，其发展最终必然会促成一个巨大的产业群。涉及的产业包括：网具制造业、纺织制造业、机电设备加工业以及船舶制造业等。涉及的水产行业包括：水产养殖、苗种繁育、饲料加工、病害防治、水产品加工以及休闲旅游等。发展深水网箱战略，不仅是一项技术的革新，而且关系到整个生产方式的重构。1998年海南第一次从挪威引进8只抗风浪柔性圆柱形网箱养殖军曹鱼，为海南省乃至全国深水网箱养殖产业的发展奠定了良好的基础。21 世纪初,中国石油所属的海南中油深海养殖科技开发有限公司,先后在海南沿海建设五个大型深水网箱养殖基地,通过示范带动,引导渔民发展深水网箱养殖,2008 年达到 888 只,初步实现了深水网箱养殖的规模化。从 2009 年开始,通过政府资金补助,投入专项资金 3600 多万元,同时海南省水产研究所、中国水产科学研究院南海水产研究所等科研单位积极转化国家级与省级科研项目的成果,掀起了发展深水网箱养殖的热潮。通过深水网箱的养殖,有效地拓展了养殖空间,改善了近岸和港湾环境,延长了产业链,提高了就业率,增加了出口量,在经济效益、社会效益和生态效益上取得了十分显著的成效。目前,海南省深水网箱主要是 HDPE 材料的重力式圆形双管浮式网箱,其网箱材料选择和总体性能上都接近或超过挪威水平。据近三年统计数据显示,海南全省深水抗风浪网箱养殖产量共计 46154 吨,产值 13.8462 亿元,利润 5.5385 亿元。至 2012 年 8 月,海南深水网箱发展至 3399 只。海南深水网箱养殖发展至今,已形成了以下特点:①网箱向超大型方向发展,形成了以周长 40 米为主,40 米、60 米和 80 米并举发展的局面。②通过多年的研究沉淀,筛选新的适宜养殖品种,使养殖品种从单一变为多样化,确定了各个不同品种合理的放养密度。③升级改造网箱固定系统使其抗风能力更强。

第三,三沙网箱养殖方式的选择。①针对三沙海域区域性特点,结合海南海洋渔业发展特点,在保护好生态环境的同时,加强科技创新与装备研发,建立积极的扶持政策与财政专项,引导大型企业介入,分步推进,形成工业化海上养殖模式。②以现有的装备装配现在三沙海域的养殖企业,重点解决好其抗风问题,主要是锚泊系统问题。③应用现代海洋工程技术,有针对性地研发大型网箱,构建海上平台,以平台为依托,形成深水网箱养殖为主的岛屿养殖基站。④开发大型养殖工船,构建移动的网箱养殖体系。⑤优化现有装备技术,积极开发机械化、信息化的海上养殖装备与专业化辅助船舶,保障养殖生产的高效率运作。

第四,风险分析。①三沙海域深水网箱养殖风险主要来自网箱抗风浪特性、养殖品种的选择、养殖病害防治及市场风险等方面。②网箱抗风浪方面,可通过严格选用适合本区域发展的 HDPE 材料,合理布局,选择不破坏海底珊瑚生态系统的锚固系统,提高配套装备技术水平来防范。③金鲳鱼为南方深水网箱养殖的主要品种,经过这些年的发展沉淀,已为深水网箱产业的发展做出巨大的贡献,但随着时间的推移,该品种已出现种质退化、市场价格走低的风险,加上在三海域养殖远离陆地,供给、运输等问题无形中增加了大量的成本。故金鲳鱼不是三沙海域养殖的首选品种,应该选择龙胆、棕点石斑鱼等高值鱼类进行养殖。④鱼病是影响养殖成活率的主要因素,因深水网箱养殖密度相对较大,水体交换快,一旦发病,交叉感染速度快,病情难以控制,易造成大批量死亡。大规模发生连片感染时,养殖者面对此情况,往往都显得束手无策,所以在病害防治方面必须坚持"以防为主,防治相结合"的原则。控制好合理的放养密度,充分考虑海区的养殖容量,可大大避免此情况发生。⑤在市场经济条件下,商品受供求关系影响。一旦形成了上了规模养殖,就会造成产品积压、价格降低、利润减小等,从而影响养殖者的积极性。因此,市场风险的防范对策就是要对市场供求及容量进行较为准确的调查、预测、分析等,找准原因,努力降低单位养殖成本,争取市场竞争的主动权。

第五,发展策略。进入三沙海域发展深水网箱养殖,应按照构建"安全、高效、生态"的要求,开展集约化、规模化海上养殖生产体系的发展定位,参照海南本岛海域深水网箱养殖状况,以生态工程化网箱设施系统、构建网箱养殖基站为重点,通过技术研发与集成创新,提升深水网箱养殖整体性能,形成较为完善的深水网箱技术体系。其重点主要为:①开展适养海区的调查,以三沙深水网箱养殖发展规划为指导,推广以大型企业龙头经营为主的多种经营管理模式,积极引导有经验的企业参与深水网箱养殖,在政策上给予大力扶持。②开展三沙海域养殖技术攻关,解决生产中的困难;继续开展配套设施研发,特别是深水网箱的锚定系统的研发,提升深水网箱的抗风浪和抗流能力,完善制作工艺,进一步提高深水网箱养殖的安全性。③探索建立深海养殖基站,建立相对应的生产模式;搭建研究成果共享平台,实现各环节技术的高位链接,提高养殖生产过程的自动化水平,降低劳动强度和生产成本。

郭根喜:

专题一:三沙网箱养殖设施渔业新模式,按学术沙龙的安排,由我和陈傅晓高级工程师主持。现由我对此专题做一个小结：人类从海洋里面要获取渔业的利益，无非是有两个途径，第一是捕捞，第二是养殖。所以，捕捞也好、养殖也好，首先要体现我们在三沙的存在。从经济上来看，只要我们所有的措施得当，所有的技术能够提高，经济效益就可以提高。我们上午的讨论，主要是从技术层面展开的，技术是一个基础，技术也是一个模式，发展什么样的模式，用什么样的技术去支撑，两者如何结合，就是一个发展模式的问题。通过上午不同学术观点的探讨、碰撞和争鸣，我们在这个过程中有很多收获。总而言之，三沙设施渔业的大船已经启航。如何把握好方向呢？我觉得有三点，第一要靠政府，第二要靠财政，第三要靠科技，这三点缺一不可。现在到南沙发展捕捞或者养殖，那是个好地方，但是地缘政治问题没有解决之前，或者装备生产要素没有解决之前，对于渔业发展会增加很多变数。所以，这三点很重要，构建好了，才能做好海洋强市的文章，我希望三沙市通过这次学术沙龙，吸收一些有用的想法、观点，给政府和渔业企业提供参考。第一专题的讨论到此结束。

专题二
三沙礁盘增养殖设施渔业新模式

中沙群岛漫步暗沙科研基地发展措施
◎李向民

　　最近,经省政府批准了海南省水产研究所在中沙群岛漫步暗沙建立 625 公顷海域面积的科研基地的海域使用报告,现将有关情况介绍如下:

　　第一,项目所在海域中沙群岛概况。中沙群岛位于我国南海诸岛的中部,它是由一群暗沙和暗滩组成的群岛。中沙群岛地处西沙群岛之东,与西沙群岛的永兴岛相距约 220 千米,西北距海南三亚 570 多千米,距离南沙群岛也较近。中沙群岛处于我国南海诸岛的中心位置,可辐射四周,区位优势明显。中沙包括南海海盆西侧的中沙大环礁、北侧的神狐暗沙、一统暗沙及耸立在深海盆上的宪法暗沙、中南暗沙、黄岩岛(民主礁)等,几乎全部隐没于海面之下,距海面约 5～26 米,只有黄岩岛南面露出了水面。漫步暗沙:淹没在水下较浅处(通常水深 10 米以内),局部覆盖有薄层沙质的珊瑚礁体,低潮时不出露海面。中沙群岛的岛礁虽然很少露出海面,但是,隐在水下的暗沙、暗礁、暗滩众多,浅水处的面积巨大,据不完全统计,小于 20 米水深的礁滩面积有 350 平方千米。其特点是:①地形地貌复杂,生态类型多样;②生物种类繁多,渔业资源丰富;③海域上升流发达,形成季节性渔场。1991 年海南省水产研究所进行的海岛资源调查时,对中沙群岛渔业资源做出的结论是:①生物种类繁多,有鱼类、贝类、海参类、海龟、藻类、蟹类、龙虾、乌贼等;②生态类型多样;③群体多,分布广而分散;④珊瑚礁鱼类个体小型,群体密集,分布广泛;⑤礁盘外海鱼类个体大,年龄高,资源丰富。另外,其中鱼类计有 535 种,隶属于 18 目 90 科 237 属,以鲈形目种类占绝对优势(386 种),占总种类数的 72.1%。中沙群岛的各种造礁珊瑚和在珊瑚中生长的各类动植物组成极其复杂的生物群落。中沙附近海域营养盐分丰富,是南海重要渔场,盛产金枪鱼类、马鲛鱼、鲷科鱼类、鲣鱼、飞鱼、鲨鱼和石斑鱼等重要海水鱼类。渔获种类主要有:裸颊鲷、笛鲷、梅鲷、紫鱼、九棘鲈、石斑鱼等,以及丰富的龙虾、贝、海参等。大洋性上层主要经济鱼类有金枪鱼、鲣、鲔和鲨 。最近灯光围网(罩网)发现的中上层鱼类有蓝圆鲹、头足类(红鱿鱼、枪乌贼)等。中沙群岛是海南省的重要渔业开发生产基地。自开发以来,海南省一大批渔民在中沙群岛海域收获到大量的优质鱼类、贝类和藻类。近年来,由于渔船捕捞技术进一步加强、前往中沙群岛生产的船只逐年增多、他国的强行占有和非法捕捞等原因,资源被过度开发和利用。目前,在中沙群岛渔场中的渔业资源处于中度开发水平,渔业生产效益下降,影响了渔业经济的稳定健康发展。科研基地的设立也是一种开发、保护有效设施渔业的方式。

第二,中沙群岛漫步暗沙科研基地基本情况。中沙群岛漫步暗沙科研基地具有公益性的性质,用海面积 625 公顷,用海期限 15 年,不占用岸线,用于科研、教学,是我国成立三沙市后第一个获批的科研基地。中沙群岛的漫步暗沙区域水深 9 ~ 20 米。根据《海南省海洋功能区划》(2004 年国务院批准),本项目使用海域主要功能为中沙群岛水生资源保护区。项目建设性质为底播增殖放流,完全符合海洋功能区划的要求。中沙群岛漫步暗沙科研基地主要实施对中沙群岛渔业底播增殖,计划每年放流石斑鱼苗 5 万 ~ 10 万尾、华贵栉孔扇贝 180 万 ~ 200 万粒、琼枝麒麟菜 100 万 ~ 150 万株。本项目实施符合《海南省海洋经济发展规划》中指出的,建设蓝色牧场,制定渔业资源增殖法规和规划,开展放流增殖和人工鱼礁建设,发展新兴的海水增殖业,使之成为提高海洋渔业产量的重要措施。海南省政府也明确要求我们研究所:做好相关的科研记录,制定好发展规划,并建议加大省财政资金的投入。

第三,中沙群岛漫步暗沙科研基地建立的意义。①增殖与保护渔业资源:底播增殖是具有低密度、不投饵的增殖方式,保障了水生生物在自然环境中生长;充分利用海水的自净能力,保证了养殖生物的安全和质量,并能有效防止病害发生;具有可持续发展的特点等优点。该科研基地也是起到保护水产种质资源的作用,保护珊瑚礁生态系统。该海域生态系统的特征,不仅有珊瑚礁生态系统的特点,也具有大洋生态系统的特点,渔业资源丰富,种类多。中沙群岛漫步暗沙科研基地的建立,为保护和保存相关的种质资源提供了条件,也可为我国开展相关的科研项目提供平台和积累经验。②开发利用中沙,有利于维护我国海洋权益。20 世纪 90 年代以前,国际社会对中国拥有黄岩岛主权从未提出任何异议,不存在对该岛的主权之争。1992年以来,菲律宾前国家安全顾问戈勒斯声称黄岩岛是菲律宾国土,挑起争端。中沙群岛漫步暗沙科研基地的建立,开展中沙渔业资源底播增殖,在漫步暗沙进行渔业资源增殖科研也是宣示我国的国土主权、凸显存在的一种有效方式,有着重大的政治意义。

第四,基地发展建设措施。中沙群岛漫步暗沙科研基地项目立项后,我所已经开展了中沙渔业底播增殖:放流石斑鱼苗15万尾、华贵栉孔扇贝180万粒、琼枝麒麟菜200万株,这些水生动植物种均为底栖种类。主要建设内容包括:①边界定位点的浮标投放;②中心沉船鱼礁的投放;③深水网箱框架设施的安装;④海洋监测仪器的安装;⑤相关试验的开展。试验内容包括鱼类、虾类增养殖试验,渔业资源增殖放流试验,贝类、藻类底播增养殖试验。具体情况是:①水生动物增养殖试验:探索鱼类特别是石斑鱼类、鲷科、笛鲷科、海龟类等礁栖性鱼类的增殖放流与标志放流,进一步探索适合该海区的其他鱼类的增殖与资源情况,摸清相关种类的资源种类组成、生长繁殖情况、洄游情况、资源量等相关生物学和生态学信息,为中沙群岛水生动物的资源可持续发展做好基础研究工作,同时也可为我省经济鱼类养殖发展储备亲本。试验计划在2013~2027年放流各类石斑鱼苗5万尾/年,紫红笛鲷苗6万尾/年,红鳍笛鲷苗6万尾/年,2015~2025年开展标志放流,每个品种5000尾/年。②水生植物的底播增殖试验:主要经济品种有琼枝麒麟菜、江篱菜、凝花菜、沙菜等。由于近些年来经济的高速发展,我省周边海域污染日趋严重,能够养殖海藻的海域面积越来越少,甚至污染严重的海域已威胁到物种的生存。因此,在中沙规划内的海域内实施大型藻类底播养殖,保护我省经济藻类物种,有利于增加中沙海域的种群数量,保护海洋生物资源环境。试验计划在2013~2027年开展,每年投放于该海域各类经济藻类200万株,采集回50万~80万株作为种苗用于我省周边海域的人工养殖。③贝类增养殖试验:我省贝类品种繁多,主要经济品种有方斑东风螺、九孔鲍、华贵栉孔扇贝、文蛤等。目前在我省贝类养殖产业化程度较高的是方斑东风螺。由于人工育苗的亲本来源主要依赖于捕捞野生的亲螺,大规模地捕捞野生的亲螺势必造成海域资源的衰退,因此,可通过每年在该区域投放大量的经济贝类品种种苗,使其在该海域自然生长和繁殖,为我省今后贝类种苗生产提供源源不断的亲本。试验计划在2013~2027年间开展,每年投放东风螺苗 5 万~8 万粒、九孔鲍 20 万粒、华贵栉孔扇贝 100 万粒。④虾类增养殖试验：我省主要经济虾类品种有斑节对虾、墨吉对虾、短沟对虾、刀额新对虾、长毛对虾。由于近些年来捕捞强度过大，我省虾类资源严重衰退，因此，利用中沙海域的环境优势和区位优势，投放一定数量的虾类种苗，使其繁殖到稳定的数量级，达到保护我省重要虾类资源的目的。试验计划在 2013~2025 年间开展，每 2 年投放斑节对虾苗种 50 万~80 万尾，墨吉对虾苗种 100 万~120 万尾，短沟对虾 10 万~20 万尾。⑤人工增殖放流试验：中沙群岛海域自然环境条件优越，气温、水温、日照等自然条件适宜，各种生物可终年生长，无明显停滞期，水域生态环境较为稳定，水质优良，是各种水生动物理想的生长繁衍地域，也是多种优质水产品种的原生地。此外，该海域礁滩众多，生态环境复杂多样，从而为优质水产品种的索饵、繁育、避害等活动提供良好的环境条件，也就成了人工增殖放流优质水产品种的优良投放区域。因此，在中沙海域开展渔业资源人工增殖放流具有重要意义。在中沙群岛漫步暗沙科研基地，在保护珊瑚礁、不改变当前海洋生态系统的前提下，选择底播资源增殖方式进行科研基地的建设和相关的科学试验，对于我国热带水产种质资源的保护、资源增殖、了解南海的渔业资源具有重要意义。此外，对于我国在中沙实际的开发利用保护、维护我国在南海的合法权益，具有重要的政治意义。

第五，合作交流。由于该科研基地离我所较远，管理水平、科研资金等方面都存在不少的困难，科研水平也有待于提高。我所担负着渔业资源调查、海水养殖、海洋捕捞、水产品加工、良种良苗引进繁育、养殖病害防治等基础研究以及应用推广职能，在三沙渔业开发养殖方面也有一定的基础。从长计议，以后科研基地的试验研究可以向纵深发展，诸如建设科研机构、大型的水族馆、潜水钓鱼基地等。恳请国内的同行，共同关注中沙群岛漫步暗沙科研基地的发展，开展相关方面的合作，发挥科技资源的优势，取长补短，共同开发三沙。

黄 晖：

对漫步暗沙，你们是什么时候做的调查？你们放流的种类是否是当地种类？有没有外来品种，会不会有外来物种入侵问题？我认为要十分慎重。我们研究所还可配合你们做一些该海域的生态环境监测工作，可记录海域状况，比较系统地监测,包括全自动气象站等。

李向民:

我们 2010 年、2011 年两年都去做了调查,但做得比较粗糙。我们正在对增殖放流的效果进行调查总结,目前只是试探性的。

张 本:

我认为在中沙的漫步暗沙开展增殖放流试验非常有必要。我的建议是要提高科学性,扎扎实实地试验,真正使资源得到增殖。特别是在这些国际注目的敏感海域搞增殖放流,要格外慎重。绝对不能只做增殖放流的表面文章,报道几张相片和新闻了事。要做好科学调查研究工作,在国际有影响的学术刊物上发表几篇有真凭实据的调查和试验研究报告,国际影响会很大。如果做得不好,国际影响也很大,周边的海洋主权声索国会看我们的笑话。所以,我建议一定要科学、谨慎、周密,要做就要做出有水平、有价值的成果来。

热带大型珍珠贝类养殖与关键设施建设
◎王爱民

第一，热带大型珍珠贝类的主要种类。①大珠母贝（*Pinctada maxima* Jameson）——俗称白蝶贝，生产的海水珍珠称为南洋珠，是国际珠宝市场上最高档的珍珠，属大型海水珍珠。目前世界上仅澳大利亚和印度尼西亚的大珠母贝养殖形成了规模，因此，这两个国家是生产南洋珍珠最重要的国家。澳大利亚生产的南洋珍珠品质最好，澳大利亚海水珍珠养殖占了整个海水养殖产值的60%。我国在20世纪80年代初就成功地解决了大珠母贝育苗及插核的关键技术，但由于种种原因，特别是人工贝苗的养成问题未能根本解决，到目前为止我国的大珠母贝养殖未能形成产业。②珠母贝（*Pinctada margaritifera* Linnaeus）——俗称黑蝶贝，产生的珍珠为黑珍珠，也属于南洋珠，属高档珍珠。目前世界上主要是太平洋的一些岛国养殖珠母贝生产黑珍珠，最著名的是法属波利尼西亚、库克群岛，其他生产黑珍珠的国家是美国夏威夷、澳大利亚、斐济、所罗门群岛等。我国在20世纪80年代至90年代，一直在开展珠母贝的养殖及插核试验，也取得了一定的成功，但因我国珠母贝所产的黑珍珠色质较差，黑度不够，因此黑珍珠的生产也未形成产业。

第二，三亚蜈支洲岛大珠母贝养殖方式与设施。我国老一辈科学家在大珠母贝养殖与育珠方面做出了巨大的成绩，中国水产科学研究院南海水产研究所"大珠母贝人工育苗养殖和插核育珠"，1985年获农牧渔业部科技进步奖一等奖，1987年获国家科技进步奖一等奖。中国科学院南海海洋研究所"大珍珠母贝的游离有核珍珠和人工育苗研究"，1985年获广东省科技进步奖二等奖。我国不少单位在海南岛也做了大量工作，但大珠母贝养殖中大规格苗种（稚贝，3~7厘米）大量死亡的难题，制约了大珠母贝产业化发展。大珠母贝对生长环境要求非常苛刻，蜈支洲岛海域优质的海洋生态环境为发展大珠母贝养殖提供了优越的条件。2010～2012 年探索性研究主要解决两个问题：①蜈支洲岛海域是否适合大珠母贝养殖。②采用何种方法和设施养殖大珠母贝。试验结果，已经养殖壳高 12 厘米育珠贝 10000 多个，现在的养殖技术已经适合规模扩大。其结论包括：①蜈支洲岛海域水质适合大珠母贝养殖；②大珠母贝养殖方式需要创新（附苗器、笼具和海底养殖设施，养殖管理技术）；③建立抗台风的养殖设施，降低台风的危害。2010 年 7 月台风"康森"和 10 月份连续暴雨袭击，2012 年 10 月热带风暴"山神"袭击，所有养殖的大珠母贝都安然无恙。

第三，对三沙热带大型珍珠贝养殖方式与设施的建议。三沙发展热带大型珍珠贝类养殖的优势有：①热带大型珍珠贝类资源丰富；②经济价值极高；③三沙海域环境好、无污染，非常适合发展大型珍珠贝类养殖，加之珍珠贝类属于滤食性动物，不需要投喂饲料，直接过滤食用海水中的浮游生物，对环境几乎不造成污染，既能保证三沙海域生态平衡，又能保证珍珠贝类养殖可持续发展。三沙发展大型珍珠贝类养殖，最大的挑战就是如何规避台风的危害；需要根据大型珍珠贝类的生物学特点，通过学习和消化抗台风网箱成功经验，把抗风浪网箱改造成为适合大型珍珠贝类养殖的抗台风养殖设施，选择上乘材料和增加固定锚重量。

第四，我们的工作基础。①国际科技合作重点项目：热带高质大型珍珠生产技术的合作研发（执行年限：2013 年 1 月～2015 年 12 月）；②"863"计划：热带名贵海水动物等苗种繁育技术（执行年限：2012 年 1 月～2015 年 12 月）；③海南省科技兴海专项资金项目：热带海洋牧场目标生物（珍珠贝类）增养殖技术（执行年限：2013 年 1 月～2014 年 12 月）；④海南省重点科技计划项目：大珠母贝（白蝶贝）养成关键技术与产业化应用（执行年限：2012 年 1 月～2013 年 12 月）。这些项目都在蜈支洲岛实施，而且效果不错，为三沙进一步发展热带高质大型珍珠生产起到了探究性的作用，提供了基础。

张 本：

在三沙发展珍珠养殖，首先在西沙发展很有必要。因为三沙的环境很好，可以培育出优质珍珠。为了提高育珠质量，2012 年 1 月份我专程去考察了澳大利亚的珍珠生产，正如王教授所说，澳大利亚珍珠是世界上目前质量最好的珍珠,南洋珍珠,简称为南珠,是著名的珍珠。为什么澳洲能够培育出这么优质的珍珠？因为珍珠质量与培育的海域环境条件密切相关,好水出好珠是自然规律。优质与劣质珍珠质量相差甚远,有几元一颗的珠,也有数十万美元一颗的珠,一颗珍珠比汽车、房子还贵。澳大利亚政府对一片海域生产出多少珍珠的养殖容量,管理得很严格,定额生产,生产多了要处罚。原来,海南陵水新村湾也出过荣获国家科技进步奖一等奖的优质珍珠,现在不行了。随着陵水新村湾环境恶化,当年威震四海的南珠雄风不在。要重振南珠当年的光辉必须非常注重养殖环境的管理。所以,保护生态与环境是十分重要的。我想再强调一下,就是说在三沙发展珍珠生产或其他海水养殖,一定要把环境容量调查清楚,养殖容量和规模搞清楚了,才可以实现可持续发展。我在上午的发言中,非常强调适度发展,有序发展,就是这个道理。

李向民：

海南应该好好地打一下珍珠的品牌。上次广东省海洋与渔业局专门组团来海南考察,他们说好像珍珠项链都是我们广东生产的,但是现在都叫海南珍珠,他们有一点纳闷。海南要打好这个珍珠品牌,尤其要与三沙设施渔业结合起来,三沙养殖环境条件好,水质不污染。网箱养殖也一样。广东的代表说,深水网箱在广东扎根发芽,但是广东怎么样搞规模都搞不大,而海南一搞就是两三千个深水网箱的养殖规模,"纳沙"台风一下打得海南几乎全军覆没,现在发展到3000多个了。从这两例子中得到启发,结合王教授的发言,我们真正要好好打打珍珠和三沙的品牌,需要科技工作者共同努力,需要企业家做大量的工作。

陈　宏：

三沙发展珍珠生产确实是个非常好的项目。但是,珍珠的很多基础研究必须加强。要恢复到20年前的海南珍珠质量有许许多多工作要做,但是我认为基础研究还是最大的门槛,否则要走很多弯路,要吃很多苦头。

三沙市渔业可持续发展战略思考

◎程光平

1. 指导思想

坚持以人为本,以人与自然和谐为主线,以市场为导向,以环境友好、国防安全、生态安全和食用安全为前提,建立区域优势明显,养殖区划布局合理,规模适度,产业链完整,服务功能齐全,技术、物流及资金保障有力,可持续发展能力强的三沙市渔业产业体系;合理利用丰富的海域及海洋生物资源优势发展海上设施(尤其是网箱)养殖,推动三沙社会经济的可持续发展。

2. 发展目标

(1)集成生物学、生态学和养殖工程技术,科学规则养殖区域布局;强化综合利用功能,提高资源环境承载力,推动全市渔业协调、均衡发展。

(2)以科学技术体系为支撑,强化创新型科学技术的研究和推广应用,合理开发和集约高效利用海域和海洋生物资源,建成海洋水产资源可持续利用的保障体系和重要渔业资源储备体系。

(3)依托三沙海洋资源优势,运用现代生物学理论和生物与工程技术,协调水产养殖生物与养殖环境的关系,达到互为友好、持续高效;实现养殖生物良种化、养殖技术生态工程化、养殖产品优质高值化和养殖环境洁净化。

(4)通过管理体制的创新,建立行之有效的"人才培养—科学研究—成果转化—养殖—产品加工—营销"产业链,为质量型、效益型海洋渔业发展提供强有力的支撑体系。

3. 总体部署

(1)养殖海区选择及养殖规模确定:在调研不同海区风浪、潮流、潮差、水深、底质、水温、盐度等水文条件和充分了解航行安全的基础上,确定网箱养殖海区;根据市场需求、技术流、物流、资金流保障及产业链建设(完整度)等确定不同海区的养殖品种和养殖规模。

(2)养殖区区划布局及养殖容量确定:以物流畅顺、养殖水域生态友好为前提,对宜养海区进行合理区划布局,确保养殖区划布局合理、环境优雅、设(网)箱密度及养殖容量适宜、养殖对象抗风浪及需氧安全、管理便利、养殖水域环境修(恢)复能力强。

(3)主导品种选择及品牌建设:根据区域鱼类资源优势,选择个体大、生长快、体形好、抗逆力强、食用价值及加工出肉率高、生态互利作用和区域特色明显、现实及潜在市场前景广阔的高中档鱼类作为养殖主导品种;着力建立国内及国际认可度高的三沙鱼类养殖及加工产品品牌。

4. 技术体系

(1)开展包括(选定)三沙特色鱼类的驯养、繁殖、育苗、成体养殖及病害防控等系统技术研究,形成成熟的目标(主导)品种成套繁殖及养殖技术,为鱼类养殖产业的可持续发展提供技术保障。

(2)利用多领域、多学科、多部门间的合作,研究养殖区多尺度物理环境过程、化学环境过程和生物环境过程;研究养殖区及周边水域不同生物群落的竞争和互利机制;从建造、养殖管理便利、耗材省、抗腐力强、使用寿命长、成本低等视角,研究高水平抗风浪网箱制作及其养殖技术,建立养殖生物与环境互为友好的持续高效抗风浪网箱养殖技术模式。

(3)基于营养需求及营养代谢视角,研究原料来源广、适口性好、营养结构合理、消化利用水平高、使用安全、投喂便利、储存保质其长的鱼类饲料,保障饲(饵)料充足、供给安全、便利。

(4)建立完整的"原(材)料生产及供给:养殖品生产—加工—副产品循环利用—产品销售"产业链,着力提高水产品加工能力和加工水平,提高养殖产品的附加值,提高渔业综合效益。

5. 保障体系

（1）政策保障：加强行政领导、提高渔业可持续发展的综合决策水平；政府及行业主管部门建立和完善严格的责任制，协调相关部门制定政策，提高政府对渔业经济的统筹规划、政策协调能力和规范管理水平。

（2）人才引进入技术培训：通过管理机制创新，优化现有科技资源配置，加强与渔业可持续发展相关人才的引进，建立健全渔业发展人才培养（训）体系，调动科技人员对重要领域重大课题研究、开发和推广应用的积极性和创造性；加强对养殖管理人员的技术培训，保障养殖过程管理规范、技术到位、产品质量安全。

（3）技术研究和储备：加强跨领域、跨学科、跨部门间的合作，研究并积累从选定品种的繁殖、育苗、养成、病害综合防控、饲（饵）料研制、投喂到养殖品加工和市场开发等关键技术，提高对养殖过程突发事件的应对能力。

（4）资金筹集：建立稳定可行的资金投入机制，加大政府对渔业重点领域的投入；建立有利于各类投资主体参与的资金投入机制，提高各类投资主体投资渔业的积极性。通过确定总体方向、运用信贷资金的倾斜和技术扶持等，引导非国有资金及国外资金对抗风浪网箱养殖及养殖品深加工业的投入，提高渔业可持续发展的资金保障能力及稳定性。

（5）物流保障：建立管理规范、流通快捷、运行安全、服务功能强的物流保障体系，有效保障不同养殖海区渔需物资供给和鲜活产品的运输。

（6）行业组织化建设及市场培育：在政府部门的指导和协调下，逐步建设"龙头＋基地＋渔户"的经济联合体或纪人协会、流通协会等。通过"龙头"连接和带动千家万户同业者按市场准入要求发展生产，并形成产业组织，提高产品的市场竞争力；建立以市行政所在地为中心、具有网络交易功能、规模较大、设施配套、经营规范的水产品专业市场；通过专业市场的规范化管理，加强本地市场与国际市场的信息交流，拓展水产品市场空间，加快水产品的物流速度和扩大物流量，促进全市渔业的可持续发展。

郭根喜：

我的观点是渔业可持续发展的前提条件是摸清家底。第二，匆忙上马，匆忙启动是不科学的。第三,在清楚养殖容量的基础上切实做好规划,按部就班,往前推进。

胡卫东:

三沙渔业可持续发展,如何形成驱动性的力量?因为在初始阶段是靠要素推动,第二个阶段特别强调创新驱动。在三沙这个地区渔业要实现可持续性发展,核心的驱动力量应该来自于哪里?这个驱动力量找不到,我感到还是有问题的。非常希望程教授在这个方面发表一下你的见解。

程光平:

我认为驱动力来自需求和市场。三沙养殖业发展的驱动首先恐怕还得靠政府部门,在此前提下还要靠市场。品牌意识很重要,比如同一种产品同一种鱼,大家认为某个地方养的价钱很低,而某个地方养的可能很高,最典型的就像同一种鱼,那个水域生产的可以吃,在某个水域生产我就不吃。所以,产品是依靠市场驱动的,包括品种、养殖技术,尤其养殖过程里面的质量和水环境,这两个对于鱼的品质影响是至关重要的。

中国珊瑚礁现状与变化

◎黄 晖

我的发言主要给大家提供关于三沙的生态环境状况,特别是关于珊瑚岛礁生态环境的一些概念和背景资料。

(1)关于珊瑚礁。珊瑚礁主要由造礁石珊瑚分泌的石灰性物质和遗骸长期聚积而成,生成于大陆、岛屿沿岸和海底山岭顶部水深 40 米以内的浅水区,在太平洋中部和西部、澳大利亚东北岸、印度洋西部以及大西洋西部的百慕大至巴西一带等海区发育得最好。珊瑚岛就是由珊瑚礁构成的岛屿或在珊瑚礁上形成的沙岛,地面一般低平、多沙。如我国西沙群岛、南沙群岛,太平洋的中途岛等。造礁石珊瑚:在平均水温约为 23 ~ 27℃ 的水域中生长最为旺盛;在低于 18℃ 的水域只能生活,而不能成礁。造礁石珊瑚一般在水深 10 ~ 20 米处生长最为旺盛,水深超过 50 ~ 60 米则停止造礁。海水盐度大约为 34‰ 的海区最宜造礁石珊瑚的生存,海水盐度小于 30‰ 不适宜造礁石珊瑚生长。造礁石珊瑚的成长率因珊瑚种属和环境不同而有差异。一般,块状珊瑚为 2.5 ~ 10 毫米/年,枝状珊瑚为 10 ~ 50 毫米/年甚至 5 ~ 500 毫米/年。赤道海域鹿角珊瑚的某些种可达 244 ~ 1253 毫米/年。造礁石珊瑚的成长率随纬度增高而减小。中国约为 5 ~ 10 毫米/年。

(2)中国造礁石珊瑚分布。中国造礁石珊瑚分布分 3 种类型——大洋区:南沙、西沙,过渡区:海南,北缘区:华南沿岸。世界珊瑚礁面积约为 284803 平方千米,其中亚洲区域面积为 116310 平方千米,占世界总数的 40.84%。中国珊瑚礁面积尚无统一的说法,大致为 38405 平方千米,约占世界珊瑚礁总面积的 13.48%。我国珊瑚礁成长速度:中国海南岛为 1 毫米/年,西沙的潮下带礁盘,珊瑚礁为 0.8 毫米/年,但潮间带次生礁为 1 ~ 3.3 毫米/年。中国珊瑚礁成长率为 1 ~ 4 毫米/年,比低纬度的其他地区小,珊瑚礁的成长率(1 ~ 4 米/100

年)比一般海积层的沉积速率(0.1~10 毫米/1000 年)大得多,故有较好的环境变迁的解释作用。南沙群岛珊瑚礁类型——美济礁:西北礁坪长约 3000 米,宽约 800 米,东南礁坪长 4000 米,宽约 300 多米;渚碧礁:西北礁坪长约 6000 米,宽 300~500 米;永暑礁:西南礁坪长 4500 米,宽 1300 米。永暑礁开放潟湖可作为万吨级海港,可建成南沙最大的物资集散中心和防务指挥中心,为开发南沙和保卫南沙起到十分重要的作用。

中国珊瑚礁面积

地域	纬度	经度	面积(km^2)	来源
华南沿岸	20°15′~23°44′	107°33′~109°06′	45	Song(2007)
东沙	20°35′~20°47′	116°40′~116°55′	600	Dai(2006)
海南	18°10′~20°10′	108°37′~111°05′	195	Zou(2005)
西沙	15°46′~17°08′	111°11′~112°54′	1836	Zhao(1999)
中沙	13°57′~19°33′	113°02′~118°45′	9670(8540±130)	Zhao(1999)
南沙	3°35′~11°55′	109°30′~117°50′	26059(23155±2904.3)	Zhao(1999)
合计			38405.5	

中国珊瑚礁生态系统在退化中:西沙群岛珊瑚礁退化主要是受到珊瑚天敌长棘海星(*Acanthaster planci*,COTs)暴发和人类直接破坏(珊瑚买卖、炸鱼、氰化物毒鱼等)影响;过度捕捞及破坏性渔业方式已经对西沙及南沙群岛的珊瑚礁造成严重的损坏,经济性鱼类及软体动物都是捕捞对象,已经造成许多具有高价值的鱼类在局部地区消失。

西沙群岛岛礁造礁石珊瑚的研究历史:对西沙群岛局部岛礁或海域的调查不是非常多。20 世纪 70 年代邹仁林先生偏重造礁石珊瑚分类学的研究,共记录到西沙群岛海域造礁石珊瑚 127 种,占我国石珊瑚种类的 3/4(《动物志——造礁石珊瑚》记录 174 种,2001)。2006 年国家 908 专项进行的全面系统调查,共记录到造礁石珊瑚约 210 种,调查结果表明,2006 年西沙群岛活的造礁石珊瑚覆盖率大多 40%~80% 之间,同时发现珊瑚礁区普遍的严重过度捕捞现象,稍有经济价值的贝类、鱼类资源都很难见到。2008~2009 年三沙工委组织中国科学院南海海洋研究所、海南省海洋开发规划设计研究院、海南大学等单位进行资源现状考察,目的是为"十二五"发展规划的编制提供科学依据。2010～2012年,我们团队每年对西沙群岛全部岛礁进行珊瑚礁生态调查。

(3)珊瑚礁生态系统退化原因。①全球变化引起的珊瑚礁退化——升温引起珊瑚白化。海洋酸化可能会给未来珊瑚礁带来更严重的威胁,CO_2加倍将引起珊瑚钙化率减少10%～30%。②珊瑚礁病害:如 Vibrio sp. 与珊瑚病害高度相关,例如,白带病(Ritchie,2006;Bourne et al. 2009)。③敌害:长棘海星、核果螺。④人类活动引起珊瑚礁退化:直接破坏,如大量采挖珊瑚用作观赏,直接危害礁体安全。⑤人类活动引起珊瑚礁退化:过度捕捞海洋生物,如过度捕捞长棘海星的天敌——法螺(Charonia tritonis;triton shell)。⑥人类活动引起珊瑚礁退化:破坏性捕捞方式。⑦人类活动引起珊瑚礁退化:旅游(双刃剑)。⑧人类活动引起珊瑚礁退化:沿岸开发、污染、富营养化。

(4)珊瑚礁保护。①立法。②设立保护区:1983年建立省级广东大亚湾水产资源自然保护区,1990年建立国家级海南三亚珊瑚礁自然保护区,1998年建立省级福建东山珊瑚自然保护区,2007年建立国家级徐闻珊瑚礁自然保护区。③主动与被动的保护策略:珊瑚礁保护还没有公认的方法(Precht,2006),主要分为管理的方法(软的、被动的)和生态修复与恢复的方法(硬的、主动的)。珊瑚礁管理的方法主要是建立保护区(MPA),所以最多只能减少珊瑚礁退化的速度。软的方面当然也有许多问题需要研究,如保护区规划设计与联网、监测评价技术与补偿机制、有效保护管理、可持续机制等。技术上的硬的方面,生态修复与恢复的方法。

(5)珊瑚礁修复方法。目前世界上主要的珊瑚礁修复方法有以下三种:①利用珊瑚有性繁殖产生的受精卵进行培育,再将培育至合适尺寸的珊瑚个体移植底播至恢复区;②培植小珊瑚断枝(0.5～5厘米大小)至适合大小再底播移植;③直接从珊瑚母体截取合适大小的断枝用于底播移植。

珊瑚幼体培育:在珊瑚繁殖期间,收集珊瑚产生的受精卵,在岸基实验室或养殖场对收集的受精卵培育。待受精卵发育至浮浪幼虫期放入附着基供其附着变态。再持续培育至其长成2～3厘米的珊瑚小个体。这时可将小个体的珊瑚在岸基养殖条件下继续培育,亦可将其放入海中在自然条件下培植。其培育方法可参考海湾培植。珊瑚生长至 5～15 厘米大小后可再底播移植至需修复区,方法参考底播移植。其优点:①珊瑚培育无需采集珊瑚母体,所以对珊瑚无损害;②采集的受精卵具有基因多样性,更利于增加恢复区域珊瑚的基因多样性;③更接近珊瑚自然恢复过程;④可一次培育大量珊瑚个体。缺点:①培育珊瑚受精卵需要岸基养殖条件,并且对水温和水质有严格要求;②培育时间较长;③往往培植成本也相应较高。

珊瑚培植:珊瑚培植主要是采用珊瑚小断枝(0.5～5 厘米)作为培植个体,将其粘附在底座上或直接固定至合适的培植平台上。培植平台可以为铁架或 PVC 管搭构的框架,也可为人工礁体类的结构,其表面可牢固地固定住底座或小断枝。因珊瑚小断枝个体小、对环境变化的耐受能力差,所以其粘附和固定应在水下进行,防止其因缺水和高温受伤害或死亡。并且在操作过程中应仔细挑选粘附剂,避免选择对培植珊瑚个体有毒害的粘胶。培植方法可选用岸基培育及海湾培植两种。岸基培育可控制培育条件,但对场地要求高,所需经费也高。海湾培植所需经费少,但对培植平台和培植地要求高。培植平台的位置选择及安置深度对海湾培植的效果十分重要。培植地要尽量避免有人为及自然威胁,特别是风浪、沉积物、核果螺、污染及工程的威胁。在有沉积物影响的情况下,平台高度一般应高于基底 50 厘米,以避免沉积物和捕食者。距水面距离则要考虑水体清澈度而定。其优点:①所需珊瑚母体数量少;②培植成本较低;③可一次培植大量珊瑚个体。缺点:①培植时间较长;②对培植地的自然条件要求高;③需要搭建合适的培植平台;④培植的珊瑚基因多样性低。

珊瑚移植:直接移植在基底上的优点是,与基底结合后如同自然生长的珊瑚,不易受风浪影响,但易受沉积物及捕食者的危害。而且固定方法不当则会造成高死亡率。固定在人工构造物上则会提高移植珊瑚存活率,但其与构造物结合而非基底,故当构造物损坏时,其上的珊瑚也多会死亡。其优点:①无需培植,所需时间短;②可直接移植至恢复区,对环境要求低;③移植个体大,具有较强耐受性。缺点:①需要大量珊瑚母体;②移植种类需为适宜在恢复区生长的种类;③移植珊瑚基因多样性低。

孙　龙：

我提的第一个问题是珊瑚礁破坏的主要原因是什么？第二，珊瑚生态系统退化是否是生态系统出了问题？食物链出了问题？消灭珊瑚天敌——长棘海星有什么措施？

黄　晖：

在西沙，2006~2008年珊瑚大量死亡，主要原因是长棘海星的暴发将珊瑚吃光了。由于长棘海星的天敌法螺被大量捕捞，生态链中天敌减少了，长棘海星就大量繁殖起来。这几年长棘海星在整个南海从马来西亚到澎湖都有暴发，但是没有我们这样的厉害。目前我们做的工作只是做了自己的一块，是整个生态系统某一个环节。我们的项目是从整个生态系统的结构上考虑来恢复珊瑚礁生态系统，做最基础的造礁珊瑚的恢复，珊瑚礁生态系统的框架就是造礁石珊瑚，不管是有序或者无序的恢复，技术方法上一定要攻克，我们这几年的工作还是非常顺利的。

李向民：

我提的问题是珊瑚礁保护如何为三沙市的经济建设和国家的南海战略服务？就是结合设施渔业模式这个主题，请您谈一些高见。

黄　晖：

因为我是做生态的，我可能更多地讲保护，保护环境有利于可持续发展。珊瑚礁生态系统如热带雨林，造礁珊瑚如树木，如果树木没有了，这个里面的动物怎么样生存？实际上是没有办法生存的。讨论到礁盘渔业，我个人看法是，比较主张增殖底栖大型无脊椎动物，即底播养殖。而我不赞同在潟湖里发展深水网箱养殖。在西沙的确也有成功的范例，就是在西沙永乐群岛石屿旁边，实际上在西沙再也找不到这种合适网箱养鱼的水深和避风的条件。那真是得天独厚的地方，而且还有一个岸基，不然网箱养鱼根本没有办法。我认为礁盘网箱养鱼，尤其在潟湖里面可操作性是比较差的。第二点，做网箱养殖总体规划很重要,但必须注意生态与环境保护,否则规划是白做的。

郭根喜:

我同意你的观点,就是说在礁盘发展网箱的可行性差,正因为如此,这次学术沙龙才来讨论这个问题。对于生态系统,注重生态保护,站在你的专业角度是无可厚非的。地球作为一个大的系统来说是动态平衡,历史地球演变的进程也是一个动态平衡。所以,我们不要太担心因为破坏引起所有的连锁反应,我对此一直持怀疑的观点。我非常同意你的首先要遵守环境保护法规的看法,假如没有章法,做什么事情都不行。然而,保护也是经济和社会发展的一种手段,假如我们光谈保护不谈经济建设,我们何苦来啊? 如果整个南沙满海都是珊瑚礁对于我们有什么用? 对于经济发展有什么用? 值得反思,开发与保护不应该成为矛盾对立的。关键是做到协调发展,平衡发展,科学发展。

蔡 枫:

我想借学术沙龙谈一点珊瑚的人工培育技术,可能对珊瑚礁修复有点帮助。人工培育珊瑚的技术要点:第一,要建立增强型海水循环水净化技术。珊瑚礁海域是世界上生物密度最高、水质最好的海域,俗称饵料充分、水质贫瘠。也就是水中营养盐的含量极低。在人工封闭水体下既要提供丰富的饵料,又要保持水体的低营养盐,就需要高端的水处理系统。现在我们建立的循环水工厂化养殖系统可达到的水质指标:氨、亚硝酸盐含量约等于 0, NO_3^- 含量小于 $0.5ppm$, PO_4^{-2} 含量小于 $0.025ppm$。第二,技术核心是建立:①KH(碳酸氢根离子)稳定系统;②pH值稳定系统;③微生物稳定系统。

三沙礁盘底播增养殖模式探讨

◎ 冯永勤

（1）三沙礁盘底播增养殖的必要性。①底播增养殖可取得较好经济效益。我国在 20 世纪 90 年代开始进行海参、扇贝等增养殖，特别是刺参底播增养殖成活率高，高者可达到 60% 以上。并且底播增养的产品个体大、品质高。底播养殖的投入与产出比为 1:2～6，可取得较高的经济效益。②西沙、中沙和南沙拥有可底播增养殖的海区。西沙群岛具有礁湖面积 221.6 平方千米，中沙群岛具有礁湖面积 53 平方千米，南沙群岛具有礁湖面积 507.6 平方千米。礁湖水深一般在 40 米以内，个别礁湖水深达 100 米。礁湖的边缘水较浅，风浪较小，比较适宜底播增养殖。如西沙群岛的北礁、盘石屿、光华礁、浪华礁、玉琢礁；中沙群岛的黄岩岛和南沙的美济礁等礁湖，可选择适当的区域开展底播增养殖。③有利保护和增殖海洋濒危生物。我国南海过去分布有十分丰富的砗磲类资源，分布有大砗磲、鳞砗磲、无鳞砗磲、长砗磲、番红砗磲和砗蚝等 6 种，是世界上砗磲种类分布最多的海域。但现在面临资源枯竭。因此，通过开展砗磲类人工繁育技术研究，攻克砗磲类人工繁育技术，达到实现苗种规模化生产目的。然后，在三沙海域礁盘上大量底播砗磲类，使砗磲类得到快速的增殖，达到有效保护与增殖砗磲资源的目的。我国濒危海洋动物法螺和名贵的梅花参、白乳参仅在南海有分布，由于长期过度捕捞而面临资源枯竭，也只有通过人工繁育苗进行底播增养殖，才能较快地恢复自然资源。④有利于开辟珍珠养殖新模式与新区域。当前我省珍珠养殖业已处于严重萎缩状态，其原因，一方面是珍养殖海区受到严重挤压和养殖生态恶化。陵水新村港珍珠养殖业已被网箱养鱼挤压而消失。陵水黎安港珍珠贝养殖成活率低，如马氏珠母贝育珠贝成活率低于 30%。另一方面，二十多年来，在海南岛的周边沿海养殖大珠母、珠母贝的苗种每年均出现毁灭死亡现象，其原因未明。因此，海南省海水珍珠养殖发展必须向远离海南岛的海区转移,西沙、中沙和南沙海域的礁湖是较理想的转移区域。礁湖中水深5~20米的珊瑚礁海区均可作为大珠母贝、企鹅珍珠贝和珠母贝的底播增养殖区域。通过底播为先导,开辟海南省珍珠养殖新模式和新区域。

(2)底播增养殖的可行性。①底播海洋动植物种类:软体动物:大砗磲、鳞砗磲、长砗磲、番红砗磲和砗蚝、大珠母贝、企鹅珍珠贝、珠母贝、华贵栉孔扇贝、耳鲍、方斑东风螺、泥东风螺、塔形马蹄螺、金口蝾螺和法螺等;棘皮动物:梅花参、白乳参、糙海参、花刺参、糙刺参、玉足海、紫海胆、白棘三列海胆等。②海区底质与水质适宜发展底播增养殖。三沙海域有辽阔的珊瑚礁盘,其中,可适当选择没有活体珊瑚生长的礁盘进行底播。较为平坦的礁盘可底播砗磲类、珍珠贝类、华贵栉孔扇贝和金口蝾螺;凹凸不平的礁盘可底播海参类、耳鲍、珍珠贝类和麒麟菜类。底播海区选择礁湖内海底或海岛的周边海域。风浪较小、流缓便于管养与收获。③三沙海域敌害生物少,底播养殖成活率高。三沙海域单位面积的生物量少,肉食性敌害生物分布极少。底播养殖可减少敌害生物的危害,养殖成活率高。特别是砗磲类主要依靠寄生于外套膜中的虫黄藻光合作用提供营养物质。砗磲类为首选底播种类,其次是麒麟菜类。两者均没有移动性,回捕率最高。④苗种繁育技术不断突破,苗种供应得到一定保证。当前珍珠贝类、华贵栉孔扇贝、东风螺类等,已能够规模化生产苗种,可为增养殖提供苗种。糙海参、花刺参、糙刺参、紫海胆等苗种繁育已取得成功,但还没有规模化繁育苗种。砗磲类、梅花参、白乳参、白棘三列海胆等人工繁育仍属空白。

(3)底播增养殖模式探讨。第一,单种底播划分:①砗磲类底播:大砗磲、鳞砗磲、无鳞砗磲、长砗磲、番红砗磲和砗蚝等底播。首先在攻克砗磲类苗种繁育技术的前提下,可在海南岛南部设立砗磲类苗种繁育基地,当苗种培育壳长5厘米以上时,采用活水船运至底播海区底播。选择水深1~5米,底质为珊瑚礁、海底较平坦的区域底播。②珍珠贝类底播:大珠母贝、珠母贝和企鹅珍珠贝,选择水深5~20米的潟湖海区,底质为礁盘底。育苗场设立于海南岛沿海,贝苗的育苗池长至2~4毫米时,用空运或活水船将苗种运至底播海域,然后将苗种吊养底播海域礁湖中,待珍珠贝类生长至壳长3~5厘米时可进行底播。③麒麟菜类底播——琼枝麒麟菜、异枝麒麟菜。选择礁盘凹凸不平,水深1~5米的海区进行底播。④法螺底播——在珊瑚礁海区底播法螺,法螺是长棘海星的天敌,可避免珊瑚虫被长棘海星食害产生"白化"死亡。第二,多种混合底播:梅花参、白乳参、糙海参、花刺参、糙刺参、紫海胆、白棘三列海胆、耳鲍、塔形马蹄螺、金口蝾螺等可以共生的种类可进行多种混合底播,提高底播增养殖的经济效益。选择礁盘凹凸不平的潟湖海区,水深 1~15 米均可适用于底播。为了解决底播动物饵料不足问题,可先底播异枝麒麟菜和琼枝麒麟菜,待麒麟菜生长达到一定密度之后,再底播以上海洋动物。第三,网箱养殖区域底播:三沙海域水质优等,三沙海域礁湖适宜发展抗风浪网箱养殖。但是,网箱养殖会产生不同程度的残饵。残饵下沉海底会对底质和生态带来一定影响。因此,在抗风浪网箱养殖区域底播方斑东风螺和泥东风螺肉食性贝类,可有效清除投放小杂鱼所产生的残饵,也可清除部分配合饲料所产生的残饵,并通过底播各种海参清除配合饲料所产生的残饵。底播东风螺类和海参对保护网箱养殖海区的生态环境具有积极作用。

(4)底播增养殖的配套措施。①对三沙海域进行功能区划。②必须解决底播种类苗种规模化繁育技术问题。③必须对底播海区划定禁捕区,避免底播生物受到滥捕。④底播海区必须经过生态环境评估,杜绝底播活动对活珊瑚礁生态的影响。⑤对底播增养殖苗种必须经过严格检疫。

(5)底播养殖的效果与前景。三沙海域辽阔,适宜底播增养殖面积较大,大量底播砗磲类、海参类、耳鲍等高价值种类,对三沙渔业资源增殖将产生积极作用。如底播增养殖大珠母贝和珠母贝,有望解决大珠母贝和珠母贝插核用贝的贝源问题,有利于海南省珍珠贝养殖业探索出新的发展道路。底播种类回捕率高,可取得很好的增养殖经济效益和生态效益。通过底砗磲类、法螺、梅花参、白乳参等濒危海洋物种,对保护与恢复濒危海洋动物资源具有重大意义。

黄　晖:

我赞成冯教授发展底播增殖的观点,因为底播这些物种都是珊瑚礁生态系统里面的生物种群。我比较倾向于综合性增殖,使珊瑚礁生态得到恢复和修复。珊瑚礁生态系统恢复好了,也会增殖资源,可以得到有序利用。同时,底播的是底栖生物也不会与开发礁盘旅游有太大冲突。非常好,我是非常赞同的。

李向民：

专题二——三沙礁盘增养殖设施渔业新模式，按学术沙龙的安排由我和黄晖研究员主持。在大家的共同努力下我们已经达到了预期的目的，在生态文明建设和美丽三沙的建设中将会迈出坚实的步子，今天下午的会议到此结束。

专题三
三沙设施渔业技术体系和管理体制新模式

三沙发展设施渔业面临的技术、管理问题探讨

◎陈国华

1. 养殖种类的选择与效益问题

（1）鱼类包括：①石斑鱼：网箱养殖，价值较高，适合三沙海域养殖，苗种已经解决，积累了部分经验。近岸养殖量大，产品竞争激烈，长距离的活体运输成本很高。可以作为一个养殖品种，不是理想的种类。②军曹鱼：网箱养殖，作为生鱼片的材料，打出三沙品牌，突出产品质量，强调它的唯一性，可大大提高附加值；积累了一些养殖经验，苗种问题可以在近岸养殖中得到解决。摄食量大，后期养殖以投喂小杂鱼为主，大规模的养殖必须配套有捕捞船队，就地捕捞解决饵料问题，更重要的是解决加工问题。以解决加工问题为前题，可能是一个较好的养殖种类。③金枪鱼：网箱养殖，加工成生鱼片，是一种高价值的种类，近岸没有养殖，不存在产品竞争问题，金枪鱼本身就在三沙海域生长，适应环境没有问题。但是缺乏养殖技术，也没有苗种，需要进行技术创新。借鉴日本养殖金枪鱼的经验，钓捕一两斤的个体作为鱼种，一旦养殖成功，可能是一个比较理想的养殖种类。

（2）珍珠母贝：筏式养殖，白蝶贝、黑蝶贝都可以在近岸育苗，但养殖成活率低，一直都无法进行育珠生产，如果在三沙养殖珍珠母贝，把 5~6 厘米的苗运到三沙海域，利用无污染的环境条件，一旦养殖成功，可以开创海南省珍珠母贝的规模化养殖，创造很高的经济价值。

此外，在三沙水域可以考虑发展的养殖种类还有老鼠斑、苏眉鱼、鲍鱼、特种观赏鱼、海蛇、麒麟菜、江蓠菜等。

2. 养殖方式与养殖技术问题

从三沙的环境条件考虑,基于目前的技术条件和环境条件,可能的养殖方式:网箱养殖、底播养殖、筏式养殖、养殖工船(工厂化养殖)。①网箱养殖:南沙海域的一些潟湖里,风浪小,可以设置网箱。如美济礁,实践证明可以发展网箱养殖。但是,从防风的角度,需要提高网箱的机械强度、加强锚泊系统等,可以考虑使用沉降式网箱。在配套技术上,应提高更换网衣、起捕等日常作业的机械化程度,减轻劳动强度。在养殖技术上,要解决苗种运输成活率的问题;饵料选择上,根据不同的养殖种类,应该首选人工饵料,人工饵料不适合的种类,可以配备捕捞船和冷冻船,当地捕捞到的低质鱼直接作为饵料;人工配合饲料的研究:为了避免与近岸养殖产品的竞争,我们可能会选择一些近岸不能养殖的种类,这样就没有现存的饵料配方可供利用,而是要进行相关研究,开发出合适的人工饵料。②底播养殖:可能是另一种比较适宜的养殖方式。比如养殖大珠母贝、鲍鱼、海参、海胆、麒麟菜等。一般不需要专门投入饵料,养殖成本低,加上三沙水域水环境质量好,很可能开发出一些适合的养殖品种。但是,底播养殖可能有一个起捕人力安排的问题,底播起捕需要较多人力,如果人少,产品起捕不集中。这就需要就地加工或者保藏的设备与技术,可以结合捕捞产品,一起处理。底播的养殖需要在海南岛设置固定的苗种基地,解决苗种。③工厂化养殖:三沙虽没有陆地可供利用,有没有可能利用大型废船作平台,改成小型的工厂化养殖车间?我觉得,如果在南沙海域,实际上只要做成流水养殖,不需要调温、也不一定需要水处理,就可以较好地养一些苗种或是高价值鱼类,特别是苗种。④配套的苗种生产基地:在三沙海域解决苗种问题比较难。海南岛是个天然大温室,苗种产业已经有非常好的基础,从技术角度,完全可以配套三沙的设施渔业。仅从商品生产的角度看,可以设在陵水、三亚、乐东一带;从三沙环境保护的角度看,有必要设在西沙,为三沙的养殖提供合格的苗种,保证养殖的实施。三沙的环境不同于近岸,相同种类的养殖技术可能也会有不同的要求;为了避免与近岸养殖产品的竞争,可能会选择一些近岸不能养殖的种类,这样就更没有现存的养殖技术。在三沙的养殖只能借鉴近岸养殖的技术和经验,不能照搬,需要开发出一系列的相关技术。三沙设施渔业的技术体系可能很复杂,但只要有需求就会得到解决。

3. 养殖规模与服务体系建设,政府在基础建设上的关键作用

①基础建设,包括各种后勤保障。如人员和设备的安全保障、产品和原料的运输、人员交通、卫生、文化、保险、通讯、救援等。有人提出搞加工船、补给船、海上物流通道等,这需要不断完善,并且要有一个合理的先后顺序。②小规模的养殖,无法建立完善的服务体系。比如富华公司在美济礁的养殖,原料、产品、人员的运输、安全保障、养殖人员生活保障都需要企业自身解决,不仅大大增加企业的生产成本,还增加了生产的难度。养殖人员远离陆地,运输的生活补给不能及时,一趟运输船到了,养殖人员才能吃到新鲜蔬菜,一周后只能吃南瓜、吃鱼;因为人少,运输量就小,不可能频繁开运输船,只有人多,运输量大,才可能缩短运输周期,目前他们一两个月运一次生活物资,生活之艰难可以想象。养殖人员远离陆地,文化生活基本没有,造成精神上的空虚,长期坚持也是很难的,以致影响队伍的稳定等。这一切都赖于服务体系的建立。但是,社会化的服务体系又是建立在大规模养殖的基础上的。③实施三沙的设施渔业需要有激情,激情来自宣示主权,但光有激情是不能持久的,需要有效益。④养殖规模由小到大、服务体系从无到有,有一个启动程序问题。如果先发展养殖,在服务体系还没有设立的时候,企业在三沙的养殖有相当大的困难,很难坚持下去;如果先发展服务体系建设,服务体系建设是要求服务对象群有大的规模,否则效益上不去,同样也很难坚持。这就必须发挥政府的作用。⑤发展三沙的设施渔业,政府的支持应该分成几阶段。第一阶段,以支持养殖项目的方式,不是扶持一家企业,而是一个点支持3~5家,甚至更多些,企业利用项目资金到三沙开展养殖活动,积累技术和经验,尽管效益相对低些,有项目经费的支持,企业能够坚持下去。第二阶段,当养殖企业在三沙的养殖有了一定的规模,政府以项目方式支持服务企业进入三沙,服务企业进入三沙的前期也可能是低效益或者无效益的,需要有政府的项目经费支持。服务企业的进入可以解决养殖企业面临的问题,帮助养殖企业坚持下去,并且提高养殖效益。养殖企业能否坚持的关键是效益,有效益才能持久,还可以吸引更多的企业进入三沙开展养殖。第三阶段,养殖企业、服务企业进入三沙的多了,适时建立镇一级政府,才能完善

社会化服务体系。⑥三沙设施渔业多大规模合适,可以从多层次考虑:从服务体系考虑——最小要求达到每3~5天消化一个航次的物资,当然规模越大越好;从生态保护角度考虑——需要有科学的论证;从经济效益考虑——整体效益达到最高,不能使得某种产品市场不能消化。

4. 养殖区域的选择与环境保护问题

①养殖是人为活动,或多或少都会对环境造成影响,我们设想的三沙设施渔业,不是小规模的活动,环境保护问题要纳入技术体系中加以考虑。②从目前已有的经验看,网箱养殖中,锚链处会造成珊瑚礁的损毁,需要研究更有效、不易损伤珊瑚礁的网箱固定方法。③从已有的礁盘现状看,可能还会因为养殖的需要,对一些礁盘实施局部改造,如疏通航道、搭建永久的固定建筑等。④大规模的养殖,需要建立多种相关的配套服务,不可避免地就会有更多的人员进到养殖区,甚至我们希望在一个礁区建立一个镇,这样各类人员都可以上去,但是生活垃圾必然不会少,养殖的残饵、加工的废物等,积累下来可能造成污染,虽然潟湖有较大的水交换量,也要有防止环境污染的方法和制度,需要建立各类废物的处理方法和管理制度。

5. 再谈环境保护问题——三沙需要安全和负责任的养殖

以上,我是从商品生产中技术和管理的角度来考虑的。但是,这样的养殖可能还包含一些重大隐患。从"保护为主、开发为辅"的原则出发,需要从环境保护的角度,更深层次地考虑三沙的环境保护问题。我愿意对前面所谈内容作一次否定。三沙海域可以说是我国最后一片干净的海域,它的生态系统比较脆弱。一旦开展大规模的养殖,一些带病毒的物种可能被带到海区,造成污染;一些杂交物种可能被带到海区,干扰该海区的基因库。已有研究证实,近岸的规模化养殖,比如我们在养殖石斑鱼,对物种的多样性、对种质是有影响的。从这个角度考虑问题,发展三沙的设施渔业最好以西沙为苗种基地或是利用工船,从海区捕捞亲本,在三沙完成苗种繁育,用于西沙、南沙的养殖。三沙的种苗基地如果能建好,还可以为海南岛的近岸养殖提供一些有特殊要求的苗种,比如无病毒石斑鱼、无病毒对虾苗等,为提高岛上的近岸养殖水平作出贡献。

程光平：

三沙设施渔业要经得起经济效益的检验，生态效益的检验，设施布局等要符合国家安全。我想问的问题是，三沙设施渔业主要技术支撑应该是海南和广东的有关技术部门，政府部门参与很重要，政府部门如何参与？技术部门又如何为地方政府制定政策提供咨询和建议？

陈国华：

技术方面，一定会受到全国各大技术部门的支持，雷霁霖院士从青岛亲临我们的沙龙就是一个例子。出席这次学术沙龙的还有广西、北京、上海等地的专家，大家都很关注三沙。因为三沙不仅仅是海南的，更是全国人民的。技术部门与政府部门的相互支持，主要表现在信息沟通，设立相关研究课题，建立自己的技术体系，各种人才的支持等。

张　本：

作为管理体制模式，我认为除了高科技支撑之外，应该是以政府为主导，首先是规划主导；第二，就是制定政策引导大中企业的参与；第三，就是保证补给和流通，补给就是供养问题，流通就是开拓市场；第四，环保部门要加强检测和监管，保护生态与环境。既然是研讨技术体系和管理体制新模式，就应该把这些琐碎的事情提升到一个模式上来考虑，这就是我的想法。

雷霁霖：

技术问题也有社会科学的部分，这两者必须结合。因为三沙是一片净土，我们不能眼睁睁看它受到污染，整个环境遭到破坏。所以，思想上要特别重视生态和安全。这两个都是政府应该做的，所以我很同意张本教授的意见，政府要主导，在这个前提下才有可能把这件事情做好。如果做不好很可能出现"污染后再治理"情况，我们绝对不能走先污染后治理的老路，所以要特别慎重。我想提两点，一点是技术体系的问题非常重要，现在国家非常提倡种植体系和重大专项,因为技术体系和重大专项承接着一些技术环境的关键问题。实际上我本人也是从事技术体系研制的,我们对重大专项和技术体系已经研制了五年,也取得了比较可喜的结果,但是还没有做完。我们想从技术的角度,从支撑系统的角度,还要从社会化的角度研究。我也认为,一定要社会化,如果不搞社会化,由每家企业背着那么重的负担到沿海,将支持系统、服务系统全部包了,不大可能。所以,必须由政府出来主导。首先是要规划,要提高组织化程度。不是说以后所有的人都上岛开发经济什么的,不应该是这样的,应该在充分调查和规划的基础上,有组织地推进。再一个,我很赞同搞样板,一定要先搞样板,不能一哄而上。潟湖开发有潟湖的样板,大海洋开发有大海洋的样板,南沙开发有南沙的样板。搞几个样板出来,就能够充满信心。

孙　龙:

各位专家研讨的管理模式很重要。对于政府主导,企业主导的问题,我认为还是应该政府扶持、企业主导、市场运作、科学发展。

王爱民:

我认为政府主导是主要的。如果政府没有规划的主导,按几千个网箱几千个网箱的发展势头下去,价格一低都赔得倾家荡产。像澳大利亚根据海域养殖容量有额度的发展大珠母贝育珠,质量世界一流的成功经验,我们应该吸取。我认为,三沙可以在某个比较适合的潟湖做试验,规划好养殖规模,不能超额。否则,病虫害也多,市场也有限,多了卖不出去。所以,应该政府主导,而且要规划好。规划要体现几个层次,一个就是陈国华教授刚才讲的品种选择,第二点就是市场导向,大珠母贝养多了也是卖不出去的。所以,政府在规划上起主导作用很重要。现在包括雷院士等很多专家给政府部门直接提建议,这样才有可能把海洋用好。

胡卫东:

你的观点我不完全认同。政府在两种情况下发挥主导型作用:第一,一个新的地区开发和市场起步的时候，毫无疑问，政府承担着主导开发的责任；第二，当市场逐步成熟的时候政府的责任是制定红利，通过制定游戏规则引导市场。三沙这个地方情况极其复杂，颇具特点，在产业配套能力极其低下的情况下只能政府主导，不是政府主导，我认为没有戏，包括现在进去的两个企业，我怀疑他们是否能够坚持下去。因为在西沙开发网箱养鱼的企业，鱼还没有一批进过市场，估计2012年底和2013年初进入市场，进入市场是什么情况还不好判断。目前的收入是预测性的，这里面有很多不可测定性。所以政府主导这是我的一个观点，三沙的整个开放模式，政府的主导，政府的责任恐怕还是第一位的。三沙市成立时，我非常注意它的三个定位，第一，强化行政管辖，就是维护主权、宣誓主权、强化行政管辖；第二，资源开发；第三，环境保护。没有政府大量的资金投入，没有国家的直接干预，三沙发展设施渔业是非常困难的。

三沙市设施渔业发展模式特色探析

◎张尔升

（1）发展设施渔业的特色优势。①得天独厚的自然优势。主要体现在资源和气候上，从资源来看，三沙市海域辽阔，鱼类品种齐全，稀有鱼类应有尽有。三沙市的海域既有深海，也有浅海，既有岛屿，也有礁盘，不仅适合于捕捞，更适合于发展养殖。从气候上看，三沙海域全是热带，四季无霜无冰，据专家估计，深水网箱养殖生长速度比其他海域快30％。②日积月累的技术优势。近年来，海南在热带鱼类养殖技术上进行了艰苦的探索，积累了一定的经验，海南大学、海南水产研究所、中国热带农科院等储存了一批热带鱼类的研究成果，从而形成三沙市发展设施渔业的技术优势，并为三沙市发展设施渔业奠定了基础。③独具特色的政策优势。三沙市担负着维护国家海洋权益保护国家海洋资源的重任、中央和省委省政府给予了很多优惠政策，三沙市要充分利用政策优势，发展设施渔业。

（2）设施渔业的模式特色。由于优势的独特性，三沙市的设施渔业发展模式的特色是：政府主导的龙头企业带动的网箱养殖和礁盘养殖模式。①必须是政府为主导的，三沙市设施渔业的发展空间是海洋空间，而海洋空间是公共空间和公共资源，必须由政府主导。同时，设施渔业是资本密集型渔业，特别是海洋设施渔业，投资巨大，个体渔民和中小企业是无力投资的，大企业即使有能力投资也只重视短期效益，而海洋渔业更关注长期效益，必须由政府投资。设施渔业又是可持续发展渔业，它是政府应该承担的责任，因此必须由政府主导。②必须是龙头企业带动，设施渔业是技术密集型渔业，它是将工程技术机械设备监控仪表等现代工业技术应用于渔业生产，实现高密度、高产值、高效益的标准化养殖模式。三沙市大部分是深海，设施渔业的技术要求更高，一家一户的分散养殖是无法实现这一要求的，必须依靠龙头企业的带动。③重点是网箱养殖和礁盘养殖。由于三沙市缺乏陆地,不可能发展陆域工厂化养殖和休闲渔业,重点只能是网箱养殖和礁盘养殖,特别是礁盘养殖,既能行使国家主权,又能增加效益。

(3)实现特色模式的特殊对策。①转变观念,树立国家观念,实行特殊的国家扶持政策。在将国家主权放在第一位的前提下,三沙市发展特色的设施渔业要建立在高起点大平台之上。必须转变观念,渔业发展由粗放型向集约型转变,分散养殖向规模养殖转变,普通为主向名优特新转变,大力发展品牌渔业、名牌渔业、特色渔业、生态渔业。为此,必须实行特殊的政府扶持政策,如特殊的贴息政策、抵押政策。②统筹规划,将渔业发展规划与国防规划相统筹,实行军民并重政策。三沙市发展特色的设施渔业必须要遵循自然规律和经济发展规律,因海制宜,合理布局,统筹规划,如区域规划、种苗规划、品种规划、开发规划。并根据环境的容纳量和养殖环境的净化能力,确定养殖量和品种,既做到种苗良种化,产品优质化,品种齐全化,又不污染环境、造成病害蔓延和品种退化。在此过程中可能与国防建设有冲突,因此,必须两者统筹,资源军民共享,发展军民并重。③技术突破,实行设施渔业集成创新政策。三沙市发展特色的设施渔业必须走技术进步之路,实现技术突破,当前主要应在循环水养殖技术、抗风浪网箱养殖技术、增氧技术、生物净化沉淀技术、过滤固体物技术上有所突破,为发展特色设施渔业提供技术支持。为此,必须实行集成创新政策,在发展设施渔业的相关领域全面创新,走高科技发展的道路,甚至可以考虑将军用技术转化为民用技术。④实行扶持渔民合作社政策,提高渔民组织化水平,发挥规模经济的优势。

(4)发展特色设施渔业注重的特殊问题。①建立健全各种配套设施。三沙市设施渔业发展必须建立健全监测、运输、保鲜、补给、加工基地、渔港建设等配套措施,促进设施渔业的良性循环和健康发展。②加强多方协作。三沙市由于地理位置特殊,发展设施渔业需多方协作,捕捞与养殖协作,政府与民间协作,军队与地方协作,技术与经济协作等。③重视加工业发展。三沙市发展设施渔业必须重视加工业发展,才能取得比较好的经济效益,通过发展渔业加工,不断提高设施渔业的附加值,推动设施渔业不断提高水平发展。④国家权力的必要介入。三沙市设施渔业发展必须有一个安全的内外环境,因此,国家权力必须介入保护国家海洋权益,为三沙市设施渔业发展提供良好的外部环境。

胡卫东:

张尔升教授在模式的特色上做了一个表述,包括网箱养鱼和礁盘增殖在整个渔业模式的构造上。我的两三次发言中提到了驱动力的问题。三沙这个地方的渔业开发确实存在这样几个特殊性,第一是海域太宽,第二是全境处于热带,第三是海域使用上有纠纷、有麻烦,第四是远离陆地。在这样一个背景下,三沙市场化的开发这个驱动力不充分,在这个背景下特别需要政府的主导,就是政府要成为第一推手,这个非常重要。但是不能把全部的希望都压在政府的这个层面上,这个开发是不可持续的。所以,在这个背景下,我将张尔升教授的观点稍稍归纳一下,我认为应该是"三化",即市场化、大型化、链条化。第一是市场化,不断发挥市场的作用,若不赚钱就不能实现成本的低廉化和收益的高值化,发展就不可持续,这也是十八大的重要精神,十八大提出的整个未来体制改革,特别重视政府和市场的关系。第二是大型化。显然,三沙搞渔业开发绝对不可能搞一家一户的,一定要大型化,没有大型化的模式,在三沙进行渔业开发我认为不可取的。第三是链条化,一定要形成一个完整的产业链体系,只是网箱养鱼恐怕不能形成模式型产业链条。

三沙珊瑚礁渔业技术与管理体系创新初探

◎陈 宏

三沙海域有丰富的渔业资源,许多名贵的资源为其所特有,如:波纹唇鱼(苏眉)、砗磲等珊瑚礁生物。其珊瑚礁渔业,在我国已有悠久的历史,海南渔民自古以来就在西沙群岛、中沙群岛和南沙群岛从事渔业活动,一般都在珊瑚礁盘及邻近海域进行捕捞作业,作业方式有垂钓、潜水捕捞、延绳钓、灯光围捕、刺网作业、拖网作业及笼捕等,近三十年来,由于渔船的不断增大增多,渔获量也不断地增多。但是,近十年来由于不断的捕捞,礁盘生物的资源再生能力受到严重的遏制,渔民的渔获物也从鱼类、海参、贝类等逐渐转为砗磲等,国内外保护性物种,礁盘渔业资源逐年处于衰退。目前,三沙近年出现深水网箱养殖的新兴产业,但是,该新兴产业对于生态环境脆弱的三沙珊瑚礁生态的影响还有待评估。三沙的珊瑚礁渔业,具有戍边护土的鲜明特点,因此,如何按照海洋生态学的原理,改变现有的渔业模式,体现生态保护、资源增殖,产业低成本可持续发展的现代新型珊瑚礁渔业技术与管理体系势在必行。

1. 存在的问题

目前三沙的珊瑚礁渔业,其最大的问题是几十年来永无止境的捕捞,渔业资源的衰退,使许多物种一时无处可捕,例如,我15年前在西沙常见到的非常美丽的刺尾鱼科的"粉兰倒吊",现在已经难见芳踪。而长棘海星等海星的天敌大法螺、龙虾、波纹唇鱼等,由于被滥捕,导致海星大量繁殖,其结果是珊瑚礁上活珊瑚被其大量蚕食,成片珊瑚死亡,并造成部分岛礁由于失去活珊瑚的保护而出现被海水侵蚀而崩塌的情况。活珊瑚死亡,不仅仅带来珊瑚礁被侵蚀,更重要的是使整个珊瑚礁生态系统失衡,珊瑚礁生物丰度减少,物种多样性指数下降,其结局是,如今许多珊瑚礁礁盘渔获物的捕捞失去经济学上的价值。其次,三沙珊瑚礁海域海水清澈见底,海水中营养盐来源贫乏,初级生产力低下,资源一旦被破坏,其自然恢复速度很慢。随着我国经济的快速发展和社会的进步,国民的海洋意识也在不断地提高,如二十年来,我国各地大型海洋馆的建设资金初步估计约有 200 亿元,在家庭中养一缸珊瑚礁生物已从梦想变为现实,巨大的市场需求使三沙珊瑚礁生物资源遭受破坏。上述种种结构性的矛盾是如何发生的呢?我认为有以下几方面的原因:①珊瑚礁渔业产业缺少科学的规划与管理。至今,在南海没有一份针对三沙珊瑚礁渔业可持续发展的科学的政策纲领性文件,渔业活动基础处于初级的捕捞阶段,在现阶段急需检讨和思进。②资源以掠夺性开发为主,很少有养护与增殖措施。对于珍稀的物种,缺少科学的保护措施与手段。③行业规模小,科技支撑落后。三沙的珊瑚礁渔业,在海南省国民生产总值中所占比例微不足道,行业规模小,起步低。④缺少国际合作开发渠道,致使珍贵海洋生物走私国外。

2. 解决途径

三沙海域珊瑚礁渔业的技术与管理体系的创新是一项系统工程。在技术体系方面,需要解决产业发展的诸多难题,以形成新的产业技术体系;而在管理体系之中,重要的是在屯渔戍边的前提下,如何做到珊瑚礁渔业的经济与社会效益显著,使产业可持续发展。就此问题,我谈一下我的想法:

(1)准则:未来的珊瑚礁渔业既能体现我国领土主权,也能树立良好国际形象,有助于国家解决重大的南海外交与主权问题;注重生态平衡,提高区域内物种的多样性与丰度;符合经济学的规律,能实现项目的自我滚动发展。

(2)措施:第一,建立珊瑚礁渔业技术体系:①积极开展珊瑚礁的生态修复,建设适合于珊瑚礁特点的生态型人工鱼礁,促进生态的自然修复;珊瑚礁上珊瑚的健康,是珊瑚礁渔业的基础,珊瑚的死亡与礁石的被侵蚀,将会带来整个渔业体系的危机和国土的流失。国家和海南省应大力开展三沙珊瑚的增殖活动,修复珊瑚礁生态。②通过适度提高海域营养盐和微量元素含量,提高珊瑚礁潟湖内的初级生产力水平,使珊瑚礁渔业资源能得到较快的自然增殖和发展。三沙珊瑚礁海域已具有丰富的物种资源,且是南海海洋生物南北与东西回游的通道,若提高海域的初级生产力,将使许多目前因技术原因而无法人工增殖的物种,可以获得自然的增殖。③由于潟湖封闭性的特点,要谨慎开展潟湖内的鱼类等对海洋环境高污染物种的养殖活动,潟湖内网箱养殖要控制规模,避免悬浮物、病原微生物和海底沉积物的失控,而导致生态灾难。陵水新村潟湖与黎安潟湖内的珊瑚因网箱等养殖业的过度发展而大面积的死亡,就是一个反面例子;潟湖外水交换良好,养殖所产生的废物对环境污染少,鼓励发展潟湖外的网箱养殖和养殖工船的渔业生产。④建立规模化的珊瑚礁物种繁殖基地,主要开展珊瑚、杂食性珊瑚礁鱼类和各种食物链低端的物种繁殖,为珊瑚礁的生态修复提供资源基础。加强渔业资源增殖放流的科学性,注重于食物链最低端物种的增殖放流,避免放流食物链高端的物种,如石斑鱼等,以保持珊瑚礁渔业资源的生态平衡。三沙不仅有地域性很强的珊瑚礁生物物种,也有迁徙回游的物种,如海龟等,开展关键物种的增殖,是三沙珊瑚礁渔业可持续发展的关键。增殖放流能解决少数物种的资源量问题,但也存在生态失控的风险,因此,科学的评估与监测是项目成功的基础。⑤由于三沙的海洋环境非常良好,珊瑚礁生物异常漂亮,但是二十多年的开发实践证明,其养殖成活率很低,活体养殖损耗大。开展针对三沙珊瑚礁生物的生理、生态、繁殖、疾病、生态养殖、设施渔业等领域研究,是提高行业规模,促进行业发展的重要支撑条件。⑥抓紧开展海底珊瑚礁生物景观工程技术的研究,使人们对珊瑚礁生物的利用从纯粹的资源捕捞转为观赏与旅游开发,使珊瑚礁资源能得到永续利用。第二,建立珊瑚礁渔业产业管理体系:①制定珊瑚礁渔业的可持续发展规划,使其具有前瞻性、科学性,这是三沙珊瑚礁渔业行业发展的基础。建议政府通过财政资金引导,加强社会资金投入,在十年内投入珊瑚礁渔业资金上千亿元,使潟湖内的珊瑚礁渔业逐渐从资源捕捞性,转为资源增殖型和旅游观赏型,加速新兴产业的发展;②建立三沙珊瑚礁渔业海洋特别保护区和珊瑚礁资源国家自然保护区,在科学规划和保护的前提下从事珊瑚礁渔业活动,把水产养殖与捕捞活动与珊瑚礁自然资源保护等做适当的空间分离,这有利于瑚礁渔业的可持续发展;建立针对珊瑚礁渔业的休渔期和轮捕区,对于珊瑚礁渔业活动进行许可证管理制度。避免对特定高价值物种的滥捕,破坏生态平衡,鼓励捕捞对珊瑚礁生态有危害的敌害生物,如长棘海星、石斑鱼等;③建议政府加大力度在各渔业点建立后勤服务体系,政府在保护区内的各个岛屿与礁盘上建立渔业服务站和水上交通网络,解决渔业从业者的后顾之忧;④政府要加大财政的投入,对于从事三沙渔业活动的渔民和公司,要加强渔业政策性的扶持,如柴油补贴、船舶建造补贴、三沙渔业基地建设的补贴、贴息贷款、免所得税等,引导社会投入三沙渔业的积极性;⑤加强南海周边的珊瑚礁渔业与科技的国际合作。三沙海域地处西太平洋的边缘,其海洋生物的分类区系与菲律宾、印度尼西亚等海域的海洋生物高度相似。由于南海素有"台风走廊"之称,故其资源情况与印尼还是有差异,物种种类与生物量比之逊色。但是,三沙有星罗棋布的潟湖,而潟湖是珊瑚礁生物的良好栖息地和避难所。开展国际合作,引进物种,开展资源的增殖,是提高我国三沙海域海洋生物资源的多样性和丰度的重要途径。丰富而廉价的资源,也是阻击走私的良方;⑥建立经常性的渔业活动评估制度,及时修正政策执行过程中的存在的问题,促进渔业的发展。

总而言之,三沙珊瑚礁渔业应在政府主导、社会参与下,根据三沙的海洋环境特点,发展环境友好型、资源增殖型的现代新型珊瑚礁渔业产业体系,逐渐从单纯的捕捞掠夺型向适度捕捞与养护和观赏型转变。

陈积明、陈傅晓:

对如何处理好珊瑚礁保护与发展渔业生产的关系提出质疑。

蔡　枫:

在南太平洋一些岛国已有成功的实施方案。原来以捕鱼为生的渔民,后来由于珊瑚礁被破坏以后鱼越来越少,以至无鱼可捕。于是,就禁止了任何的商业开采和商业捕捞活动,几年之后珊瑚礁周边水域渔业资源得到恢复,渔业生产也随之恢复到10年以前的水平。可见,珊瑚礁保护与发展渔业生产是存在相互依存关系的。

张　本:

陵水新村港就是一个例子。20年前我刚来海南时,那里的海域环境条件非常好,海水清澈见底,海底海草、海星等海洋生物随处可见,这里曾培育出国内最大直径的珍珠王,但后来因超容量发展网箱养鱼,环境状况恶化,现在再也无法养殖优质珍珠了,平潮时还发生过大面积的缺氧死鱼事故,网箱养鱼渔民辛辛苦苦积累了数年功夫的财富,瞬间付之东流,渔民欲哭无泪,就是个反面教训。黎安港几年前还有活珊瑚,现在也不见了。保护环境需要政府出台管理政策,严格监控和监管,一旦管理上出了大问题,生态平衡就被打破了。

郭根喜:

　　我想讲一下管理的问题。所谓管理涉及管理的对象,这个对象就是人、财、物,没有对象谈管理就没有意义。我认为首先将人必须管好,比如说新村港、黎安港水域超过养殖负荷出了问题就是因为管理不到位。发展渔业如此,发展旅游也如此,若超过三沙海域环境容量的盲目发展,也必然出问题,那种先开发后治理的发展及管理模式要不得,已经有了历史教训。所以管理是第一位的,管理的第一步是做好规划。第二个管理的问题是劳动对象的问题,比如我们要造大船闯深海,出发点是好的,但如果不知道鱼在哪里,鱼有多少,你造那么多大船去哪里捕鱼?所以,先要把家底搞清楚,养殖的管理也不例外。第三是谁来主导的问题,是政府主导还是企业主导?如果按照建设科技创新型国家的指导思想说,企业应该是创新的主体。最后,我谈谈发展三沙渔业的动力问题,这个动力在哪里?即使企业是创新主体,企业是以盈利为目的的,企业做这个事情,如果没有钱赚就是不可持续性的。当然比赚钱还有更重要的东西,乃应另当别论。

三沙设施渔业治理结构与体制机制创新探析

◎征庚圣

结合三沙渔业设施模式,我主要从经济体制和科技保障机制方面谈点看法。

(1)从前面专家的发言来看,首先谈谈对本沙龙的两点认识。①三沙设施渔业建设存在三个导向:一是显示存在——延伸历史性权益,岛屿利用的民事化;二是获取收益——个体收益率和社会收益率相等,从而调动经营者的积极性;三是推动发展——在科学规划的前提下,推动陆海统筹,在保护环境的同时实现可持续发展。②研究方法起点:本论坛探讨的不再是单纯技术问题,更带有综合性——技术经济、海洋战略、科技兴海、权益维护等。由于发言的专家来自不同的岗位,关注点也有所不同。其中,来自科研院所的主要探讨科学规划和技术路线,如在不同海域渔业设施的选择,解决"怎么办"的问题;来自政府部门的专家学者主要谈资源如何配置,发展何种渔业更有利,解决"为什么"的问题;来自企业界的,从实践的角度更关注专家学者们提出的建议"好不好"。如刚刚大家讨论的设施渔业中政府和市场主导的问题,这两个不能说完全是不兼容的,因为政府的职能就是宏观调控、市场监管、社会管理、公共服务,现代经济更多带有混合经济的成分。

(2)创新驱动与海洋强国之间的关系。十八大报告提出,实施创新驱动发展战略。完善科技创新评价标准、激励机制、转化机制。科技进步对经济增长的贡献率大幅上升,进入创新型国家行列。科技创新是海洋经济发展的重要手段,海洋强国对科技创新提出了要求。从提高资源开发利用能力和维护海洋权益的角度,科技不仅服务于生产过程本身,也与创新和保障体制相关,必须从相关的规划和约束条件加以展开。

（3）研究三沙设施渔业模式的几点考虑。很多科技工作者提出了"如何生产"，如运用 40 米或 80 米长的网箱来养殖的比较优势及适用性。从经济学的角度，除了"如何生产"外，还需要解决"生产什么"，"为谁生产"和"谁做决策"的问题。比如说网箱养殖的是金枪鱼还是石斑鱼及各自数量？是专业化养殖供应高档的产品，还是规模化养殖提供低档的产品？最终产品的上下游链条、市场体系和品牌建设等，这些跟我们的设施渔业发展是密不可分的。最后由谁做决策？谁来组织和制度创新？如果由政府决策，到底是哪级政府，中央政府或地方政府？公共服务上的分工与合作如何开展？有关政府部门应该根据三沙开发现状，统筹考虑这些问题，从而为科技创新铺路。

（4）多个法规、规划的出台，为三沙设施渔业的开展指明了方向，也提供了契机。2012 年 3 月出台的《全国海洋功能区划》，在全国 29 个功能区划中，将南海海域分为 5 个部分，包括南海北部、中部、南部，都包含渔业开发的内容。2010 年颁布的《海岛保护法》将海岛分为无居民海岛和有居民海岛。从三沙岛礁开发利用现状看，绝大部分是无居民海岛。无居民海岛所有权属于国家，养殖用海需要符合国家海洋功能区划。《海南海洋经济发展"十二五"规划》则提出，加强海洋基础性、前瞻性、关键性技术研发，提高海洋科技水平，增强海洋开发利用能力。这些法律法规和规划的出台，明确了科技应用的方向，为科技创新提供了舞台。

（5）三沙设施渔业面临的治理结构。①南海区域治理结构。要处理好中国与东盟国家之间在渔业开发与养护上的关系，也要妥善处理与台湾在三沙渔业开发上的合作。捕捞对于设施渔业有着相同或者相反的影响。中越北部湾渔业协定即将到期，后期如何发展值得关注。②中央地方关系。海南受权管辖南海，但资源开发权限没有相应落实。如油气开发权集中在央企手上，权利的排他性或者兼容性程度将影响三沙渔业设施模式的选择及其实施效果。渤海湾溢油事件就是一例。③海南与部队之间的协调。目前，我国控制的岛礁大多为军方管控，设施渔业建设与国防建设间的包容性程度有待提高。④三沙市与相关市县海域确权及进展，将影响到设施渔业的发展及效率。

（6）需要考虑的几个问题。①注重设施渔业创新与实用性的平衡，防止边际生产率大幅下降和破坏生态环境。技术应用将推动海洋经济发展，而海洋经济发展则对技术应用提出了更高、更新的要求。②从海南欠发达的省情出发，以科技创新为手段，提高设施渔业组织化程度和总体抗风险能力。③加强与南海周边国家渔业合作，探讨中国—东盟海上合作基金使用的可能性、方向及领域。④加强与广东、广西在渔业生产上的合作，实现优势互补。

黄　晖：

关于与南海周边的国际合作，我觉得渔业方面比较艰难，你有什么好的建议吗？关于珊瑚礁研究领域，在一定框架下有小的合作，但是渔业合作可能更艰难一点。

征庚圣：

渔业国际合作包括多个层面，相当于企业有直接融资和间接融资等不同形式。比如说中国台湾船主雇佣东南亚的渔民是一种合作方式。还可以有参股方式，成立董事会监事会，形成现代的企业治理结构。应该说，合作的机会很多，既可以采取紧密型也可以采取松散型合作。

张　本：

我的建议是，在政府的主导下制定三沙设施渔业发展规划，比如划出哪几个礁盘或者哪一片海域可以发展设施渔业；还有发展现代渔业，可以像中海油一样进行国际招标，只要有国际组织愿意投标就可以了。但是，必须在政府的主导下制定好规划，然后由大型企业牵头共同来做，可以做一下试探。

陈　宏：

渔业国际合作可以从民间开始，民间友谊慢慢建立起来之后，南海开发就可以形成共同开发的形势。国际上很多合作多数是从民间开始，通过不同层次的交流，南海的问题慢慢可以化解了。

胡卫东：

国际上很多的案例说明，在有争议的海域唯一能够形成国际化合作的，从产业类型上讲就是渔业。包括黄岩岛，最近中国台湾和日本搞了一个渔业合作协定，渔业资源与其他的资源不同，其特点第一是流动性，第二是再生性，存在国际合作的可行性。

黄　海：

三沙如何发展好设施渔业，我提出以下几点建议：①加快城市基础设施建设，完善设施渔业开发环境。设施渔业产业发展需要有必要的生产生活条件。目前三沙应着力解决交通、淡水、电力、通讯、医疗、快速救助等问题，为三沙市设施渔业发展基础保障。②开展资源综合调查，做好产业发展规划。要对三沙的海洋资源进行综合调查，全面摸清三沙的生物资源、生态环境、气象、水温和地质等基本情况，进行科学论证、合理规划，为三沙市的设施渔业发展提供科学引导。③出台优惠政策，加大产业扶持力度。要通过无息贷款、贷款补贴、"零"税收以及专项扶持基金等优惠政策，吸引和鼓励企业到三沙发展设施渔业。④加大科研投入，强化科技支撑。设施渔业是集现代工程、机电、生物等多学科为一体的现代渔业生产方式。三沙市发展设施渔业必要根据三沙海域的实际情况，开发出一系列的适用技术，才能稳步推进设施渔业产业发展。要进一步加大科研投入，加快技术创新，提高设施渔业装备水平和配套技术，加快优良新品种选育和本地品种开发，加强产学研，为三沙市设施渔业发展提供科技支撑。⑤设立渔业风险基金，规避或降低养殖风险。设施渔业是一种高投入、高风险、高回报的产业。如何降低或规避风险是三沙养殖业最为突出的问题之一。应设立三沙市渔业风险基金，规避或降低养殖风险。⑥重视生态环境保护，树立品牌意识。在发展三沙，开发设施渔业过程中，要注意资源和环境的保护，避免盲目开发，造成环境污染、生态破坏，应适度控制发展规模，避免造成养殖过程中的产品质量下降。要树立品牌意识，打造三沙水产品的生态牌、安全牌、绿色牌，增加产品竞争力。⑦要遵循先易后难、因地制宜的原则。三沙设施渔业开发可先从西沙群岛逐步向南沙、中沙群岛发展，先从基础条件好的岛礁逐步向无人小岛礁发展；要根据海区的实际情况，选择适宜的养殖品种与开发模式，促进三沙市设施渔业的可持续发展。⑧加强海监渔政执法力度，确保生产安全。三沙市地处我国最南端，与东南亚各国相邻，是国际海上航运活跃地区，而且很多地区存在争议，海上破坏和骚扰活动时有发生，海上生产存在安全隐患，所以要加强海监、渔政执法力度，确保渔业生产安全。

海洋保护区模式开发三沙海洋渔业

◎刘 维

（1）构想。三沙是具有我国热带特色、大洋特色、珊瑚礁特色的独一无二的海洋生态系,栖息有较多的热带海洋鱼类、贝类、藻类等,目前已经有记录的渔业资源种类达500种以上,其中经济价值高的就有300多种。名贵种类如苏眉鱼、金枪鱼、石斑鱼、海豚、海龟等珍稀动物,还有砗磲贝、鹦鹉螺、法螺等贝类资源等。由于近海工业和生活污水排放、过度捕捞等的影响,使我国的近岸渔业资源受到较大影响,为了保护珍稀野生水生、经济价值较高的保护动物,我国成立了自然保护区、海洋特别保护区、水产种质资源保护区等一系列的海洋保护区,用以保护这些水产种质资源。

（2）三沙保护区现状。三沙远离大陆,相关海域受人类活动的影响小,海洋环境、渔业资源等保持在较好的水平,较多养殖种类的亲本都能从三沙海域获得,为了保护相关水产种质资源,我国成立了较多的水产种质资源保护区。从2004年国务院批准的海南省海洋功能区划中就能看出,海南已在西南中沙建成了6个海洋生态保护区。1980年,成立西沙东岛白鲣鸟省级自然保护区。1993年,省级西沙群岛水产资源保护区、省级中沙群岛水产资源保护区建成。2007年、2008年相继建立三沙群岛热带海洋动物保护区、西沙东岛海域国家级水产种质资源保护区,南沙美济礁国家级水产种质资源保护区。2011年,成立西沙群岛永乐环礁海域国家级水产种质资源保护区。2012年正在申报的保护区还有中沙群岛水产种质资源保护区。这些保护区将大部分的三沙海域划入保护区的行列。

（3）保护区的优势分析。三沙珊瑚礁生态系统是比较脆弱的海洋生态系统,必须在保护中开发。以保护区的形式开发三沙渔业是一种较合理的方式和方法,在制定好相关规划的前提下进行,对主要品种、生态系统开展保护。保护区的功能区有核心区、缓冲区和试验区，除了核心区处于绝对保护的地位之外，其他水域都可以进行适度开发，不仅仅能进行科研活动，积累较多的资料，而且还可以进行相关的渔业开发活动，有较多的优势。首先具有环境优势，在保护区进行适度开发，是有严格的限制条件的。区内水域环境都处于较好的状态，可减少病害的发生。其次就是管理优势，与政府管理部门的合作可以保障生产安全，同时严格的规章制度对渔业开发具有规范性，保障生产的顺利进行。

（4）保护区发展建议。由于三沙群岛远离陆地，又有周边的声索国，是渔业事故和国际矛盾发生较多的水域，所以建设保护区势在必行，有利于凸显存在。根据目前三沙的保护区现状，西沙、中沙大部分区域都已经得到保护，目前南沙群岛中有一个美济礁保护区，还应该设立更多的保护区。建议在南沙群岛的南熏礁海域设立水产种质资源保护区。该礁盘位于南沙群岛郑和群礁西南处，为海水高潮淹没之礁体，主要有南北两个珊瑚礁组成，两礁相距约 2500 米，中间有一些水深 6 米左右的暗礁。北礁长约 1850 米，东北端有高 2 米的沙堆；南礁为椭圆形，长 1400 米。两礁间水深 12.8 ~ 18.3 米处为锚地。有着丰富的渔业资源和较好的海洋环境，适宜开展相关的渔业开发活动。在该海域成立保护区就是南沙群岛第二个水产种质资源保护区，与美济礁的保护区南北呼应，更是凸显我国在南沙行使保护、开发的义务和权利，显示我国的主权；而且地理位置较优越，与太平岛相距约 25000 米，保护区的建设和发展也有利于促进与太平岛的沟通，是与台湾同胞互相交流、联系的另一个平台。

陈国华：

将开发和保护融为一体？我想保护和开发其实是矛盾的，保护由谁做？开发由谁做？保护以盈利为目的又是怎么一回事？在核心区吃皇粮，周边海域争取利益，最后有利益了，保护区也可能就不行了。如果一个人有两个矛盾的思路，一个往东，一个往西，中间的怎么办？非分裂不可！

刘 维：

开发和保护其实是一个主题。保护区由管理部门专门管理，但是缓冲区和试验区可以开发。重在加强政府指导,国家也是鼓励保护区与企业合作。

张 本：

根据国家自然保护区条例的规定,缓冲区只准进入从事科学研究观测活动,实验区可以进入从事科学试验、教学实习、参观考察、旅游以及驯化、繁殖珍稀、濒危野生动植物等活动,以盈利为目的的开发是受限制的。现在不少保护区是"四无"机构,特别是省、地、县级保护区,一没有机构和经费、二没有管理人员、三没有管理的规章制度、四没有执法队伍,有名无实,形同虚设。10年以前,我到澳大利亚考察过当地的水产保护区。澳大利亚是采用GPS定位系统和遥感信息系统进行管控的,如发现有船靠近保护区,马上发出警告,一旦越界进入保护区,就按规章处罚,严格依法管理。我认为,要设立保护区就要认认真真、规规矩矩地设立机构和落实管理经费、有专人管理、有管理的规章制度、有执法队伍,违法必究。而且,要争取纳入联合国的"世界生物圈保护区网络",得到国际社会认同,扩大国际影响。

刘晓春：

我想用木桶效应来说明三沙设施渔业发展中应该注意的相关问题。①设施养殖的品种选择与苗种来源问题。已有基础的品种,例如,石斑鱼、军曹鱼等。但目前,可供选择的、适合设施养殖的品种不多。开发适合三沙养殖的新品种,针对不同的设施养殖模式,我们应该努力开发适合的名优新品种,研发新型养殖种类的生殖调控和苗种规模扩繁技术,从而推动设施养殖向多元化发展;同时,还应该加强育种工作,尽早实现设施养殖的良种化目标。②设施养殖的饲料问题。目前国内还没有针对某种鱼及某种设施养殖方式的专门饲料。只有开发适用于不同设施养殖模式的安全高效饲料,才能保证设施养殖向产业化方向发展。③设施养殖病害防治问题。不同的设施养殖模式为养殖对象提供的生长条件有所不同,因此,针对特定的养殖环境,需要开展针对性的病害防治技术研究。

郭根喜:

我谈几点看法。一是从长远来看,政府可以做的事情在渔业方面就是渔业经济,从企业的角度来看必须是盈利的,是以盈利为目的,没有盈利谁都不去做。靠政府有限的资助也是不长远的。二是三沙渔业开发,我认为一定要坚持四个先行,即装备先行、资源先行、规划先行、岛礁先行。三是要特别注重调查研究,没有调查研究,就会纸上谈兵。我20年前去过三沙,最近两年都是靠我们的"南锋号"调查船取得的数据进行分析,其实这是不到位的,四是开发模式可以多样化,前提就是必须掌握综合的调查研究基础资料,然后做出全面评估。五是维权也好,发展经济也好,都需要经济技术支撑。总之,三沙的发展一靠政府,二靠投入,三靠科技。

对发展三沙设施渔业的思考及建议
◎孙 龙

(1)对发展三沙设施渔业模式探讨。①发展必须符合三沙长远发展要求。2010年颁布的《海南国际旅游岛建设发展规划纲要（2010—2020）》提出，积极拓展外海和远洋捕捞，努力推进水产健康养殖，培育发展休闲渔业，增值保护水生生物资源，积极转变海洋渔业发展方式。《海南省海洋环境保护规划（2011—2020年）》提出要加强对西沙、南沙、中沙海域及其岛礁生态系统的保护。②发展必须以科学发展观为指导，以全面建成小康社会为目标，坚持以人为本，统筹兼顾经济、社会和生态文明建设协调发展。③发展应坚持"生态型多元化增养殖模式"。西、南、中沙群岛岛礁是我国南海宝贵的、稀缺的、不可再生的陆基资源，其生态系统相对脆弱，设施渔业发展应坚持"生态型多元化"的养殖模式。注重生态保护与渔业资源开发相结合、网箱养殖与礁盘底栖养殖相结合、渔业资源增殖养护与渔业休闲游钓相结合、渔业资源利用与戍边维权相结合。生态文明、环境友好地发展三沙设施渔业，保障三沙渔业经济的永续发展。④发展必须注重养殖规模效益，达到企业（经营者）经济效益，国家和社会效益的共赢。三沙群岛远离大陆，存在现场渔业养殖设施构建投入大、生产生活资料补给费用高、鱼货运输航线长、后勤条件保障困难等不利条件，致使养殖成本高、经济效益薄。三沙养殖应避免单一的小规模养殖方式，选择高性价比养殖品种，进行规模化养殖。延伸产业链条、强化渔业现代化物流和精深加工，追求养殖效益的最大化。三沙发展设施渔业，除了企业本身追求的经济效益外，还主要凸显三沙群岛主权和国家对三沙群岛的有效控制，并在当前南沙维权体系中将扮演重要角色，发挥特殊的不可替代的作用。

(2)发展三沙设施渔业应注重的工程技术与环境保护问题。①养殖网箱必须满足抗风浪要求。深水网箱多置放于水深较大海域，频繁受到波浪和海流作用影响,经常导致养殖容积的大幅度减少,从而影响到整个深水网箱养殖的正常生产。由于台风等海洋气象灾害会造成网箱锚泊系统的移位或走锚,对网箱造成毁灭性破坏,甚至造成重大人员伤亡和经济损失。例如:2007 年 11 月 21 日"海贝思"台风袭击美济礁,造成看管渔排的 9 位渔民不幸罹难,另有 3 位渔民在海上漂流了 7 天 8 夜后获救。②注重深水网箱工程学研究。从工程学方面考虑,关于网箱的研究方向首先需要确定网箱的抗风浪级数,即多大强度的风浪、多大流速的水流海域内可以使用网箱进行养殖,当允许养殖的海域突发超过级别要求的风浪时,应采取减少网箱破坏的措施。③发展三沙设施渔业应注重生态的保护和工程修复。三沙潟湖养殖应科学确定合理养殖容量,采取轮养方式,合理利用养殖水域资源。并对网箱养殖区域底层的鱼类排泄物和残留饵料采取工程清理或防污染措施。

(3)结论与建议。发展西、南、中沙设施渔业,是加快三沙市新农(渔)村建设,全面建成小康社会的重要抓手,是落实国家建设海洋强国战略的重要举措,对宣示三沙群岛主权和有效控制将发挥重要作用。建议政府加强对三沙发展设施渔业的资金补助和优惠政策扶持,鼓励企业和渔民参与岛礁渔业资源的开发利用和保防;建议大力推进三沙渔业资源的保护和开发利用创新研究,构建以企业为主体、产学研相结合的科技创新体系,实施国家三沙渔业科技专项,支撑三沙市海洋渔业经济的可持续发展,为维护我国海洋权益发挥重要作用和贡献;建议适时在西、南、中沙建设渔用码头、渔船避风港、渔船导助航设施,形成集安全生产、补给加工、休闲游钓、科研实验为一体的南海资源开发和服务基地。

三沙渔业的现状与未来

◎ 林载亮

由于多种原因,三沙市渔业仍处于低水平,多数渔船小而陈旧,作业方式落后,配套设施严重不足,组织体制、管理模式守旧,制约了渔业生产的发展。与所管辖海域面积相比,其产量产值甚小,与海洋大市极不相称,与南海已成为国家核心利益的战略地位亦不相称,这种状况必须迅速改变。2012年6月国务院批准成立地级三沙市,海南省委随即组织了强有力的领导班子。十八大提出了建设海洋强国的口号,这给三沙市渔业跨越式发展带来了千载难逢的机遇,必给三沙市渔业提供资金、政策上强有力的支持,三沙市必将蓬勃发展。现就如何发展三沙市渔业提出建议如下:

(1)渔船更新改造,作业方式转型。根据近海渔业资源的严重衰退,三沙海域尚未充分开发的现状,必须大量淘汰小吨位陈旧的渔船,建造大量中、大型的盖网灯围渔船,围捕鸢乌贼、圆鲹、鲣鱼。据评估三沙海域仅鸢乌贼可捕量约150万吨,应做大捕捞业。另外,三沙市海域拥有丰富的金枪鱼资源,主要品种是黄鳍金枪鱼和大眼金枪鱼。2010年越南出口金枪鱼8.26万吨,创汇2.87亿美元,他们捕捞的金枪鱼多数来自我三沙的海域。我们必须加速建造先进的金枪鱼延绳钓船,开展金枪鱼延绳钓作业,迅速提高金枪鱼产量,争取在3～5年内产量达10万吨。

(2)利用南海美济礁潟湖,开展大规模暖水性名贵鱼类(东星斑、老虎斑、龙趸等)的养殖和育苗。潟湖养殖和育苗具有五大优越条件:可避风;温差小且在27℃以上;盐度常年不变;水质好;天然鲜饲料营养高。可以常年养殖和育苗。近6年的实践证明,美济礁养鱼具有品质好(属于有机食品)、生长速度快、成活率高三大优势,且规模越大,效益越好。其缺点是与本岛距离远,航线长,交通不便,运输费用大,人员工资高,增加了养殖成本,但规模扩大后这些问题可以解决。仅利用5%的海域便可放置6米×6米的网箱数千个,可养鱼十多万吨,产值上百亿元。

（3）在美济礁礁坪上建设楼房、码头,装配数十座风力发电机和集雨水装置。在潟湖内建设浮动式船坞和配置各种中大型多功能辅助船和船型水泥平台,为美济礁养殖提供全面的生产、生活服务设施。

（4）建立物联网系统,保证生产、生活信息通畅。

（5）建造资源调查船,并配套设置遥感和探测鱼群的装置,逐步摸清资源分布情况,为生产服务。

（6）建立渔业协会,协助渔业行政对渔业生产进行有效的管理和指导。海洋渔业与农业不同,凡属海洋产业,均较复杂,涉及多种学科,专业性很强,而目前不少渔业行政官员缺乏专业知识,管理深度不够,必须由协会这样专业性的管理组织予以辅助,方能保证正确、有效的管理。

（7）建立渔业产业链。包括捕捞、养殖、冷藏保鲜、鱼品加工、海洋生物制药、运输销售、海鲜酒店等。

（8）建议设立海洋中等技术学校。主要从沿海渔民子弟中招生,培养能适应海洋渔业生产的骨干力量。

关于建立三沙设施渔业产业园区的建议

◎胡卫东

关于三沙设施渔业管理体制,我认为可以构建一个三沙设施渔业的专业化产业园区,利用产业化园区的体制机制来推动三沙设施渔业的发展。三沙市管辖的海域属于远海区域,开发设施渔业具有特殊性,近海设施渔业开发的模式不能简单复制到三沙。这种特殊性主要表现为三大矛盾,一是三沙丰富的渔业资源和薄弱的基础设施之间的矛盾;二是设施渔业的高投入和高风险并存的矛盾;三是渔业资源开发和环境保护之间的矛盾。可见,在这样一个特殊的海域进行设施渔业开发,既有技术层面的问题,也有体制层面的问题,在一定程度上体制问题直接决定和影响技术支撑力量的发挥。从产业发展的规律出发,我认为,三沙通过构建一个设施渔业要素集聚,渔业产业配套相对完整,有利政府统筹管制,科技体系支撑并按市场化运作的一个产业园区体制,才能实实在在地推进三沙设施渔业开发。基于这一点,我从以下几个方面谈谈自己的观点:

(1)关于三沙设施渔业产业园区的性质。产业园区是围绕三沙海域独特的渔业资源,以国内大中型渔业企业为主导,进行渔业养殖、交易、补给服务、技术研发、共同维护以及建立安全协调机制的特定区域。其性质的核心内容有两点,一是限于国内包括中国台湾、香港和澳门特别行政区的有实力的大中型企业参加,对于区域外国家的企业,不管它是否曾经或现在在南海从事渔业生产,都不得参与;二是限于设施渔业资源开发,在业态上以工厂化养殖、网箱养殖、工船养殖、礁盘养殖和海洋牧场为主要方式的养殖业态。在管理上,通过构建政府主导的公共服务体系,进行产业辅导和产业服务的设施渔业专业化的产业园区。

(2)关于三沙设施渔业产业园区的内涵。在三沙海域建设产业园区既涉及国家对海域主权和管辖权,也涉及海域地理环境因素和经济科技因素。因此,从内涵上讲,产业园区是根据国家赋予的行政权力、海域资源禀赋和国内外市场空间所构成的海域经济单元,是建立在产业配套基础上,拥有体现三沙海域区位优势的地区专门化与具有区域特色的综合发展相结合的地区产业结构,由具有较强带动能力和辐射力的渔业企业集群及与其紧密联系的陆域经济腹地范围所组成的不同等级、独具特色的网状型海域经济体系。按照产业园区的性质定位,我对其内涵的理解是:以设施渔业开发为特征、以维护主权为基础、以开发渔业资源和可持续发展海洋渔业为理念、以发展优势海洋渔业产业集群为导向、以科技和综合管理机制为支撑、以建设渔业资源的远海区域合作机制为目标的专业化产业园区。

(3)关于三沙设施渔业产业园区范围与布局。先说范围,按照三沙的海域主权、渔业资源分布、投资强度、海陆经济的互动程度等因素,产业园区的海域范围可划分为核心区、发展区、关联区三个层面。核心区是属于没有争议且被我国实际控制的海域;发展区是指三沙市管辖的全部岛礁和海域;关联区是指越南和菲律宾等国家主张权利的海域。再说产业园区的布局,根据三沙海域的地缘、地理和资源特征,并面对许多岛礁被南海周边国家和中国台湾控制的现实,三沙设施渔业产业园区可以建立"一核心,两基地和三大区域"的发展布局。一核心,即建立以美济礁为中心的核心区,主体海域面积44万平方千米;两基地,即建立以永暑礁和诸碧礁为载体为渔业后勤补给基地和邻近海域为载体的深水网箱养殖;三大区域,即以永兴岛和诸碧礁为轴心的北部海域渔区,重点发展金枪鱼延绳钓渔业养殖,与西沙、中沙渔业连成一体;以永暑礁为轴心西南渔区,重点发展海洋牧场;以美济礁为轴心的中部群岛海域渔区,重点发展岛礁渔业、热带观赏渔业。

(4)关于建立三沙设施渔业产业园区的可行性。大家知道,《联合国海洋法公约》确立了世界海洋管理和开发利用的新体制,强调国家间在渔业资源的养护与管理中要进行密切合作。三沙海域为一个半封闭海域,海区内环境和生物资源具有较大的独立性和封闭性,渔业资源总体上已出现衰退,急需加以合理的养护。我国开发利用三沙的渔业资源具有悠久的历史,并已具有一定规模。2000多年前,我国渔民就在南海海域从事渔业生产,自唐代以来我国渔民就开始在南沙定居。目前,我国传统南沙渔业的生产规模和覆盖的海域进一步扩大。如果在这里建立固定化的海域产业园区,能有效地体现我国在南海的实际存在,体现了我国政府对南海的实际管辖,在"维护主权、突出存在"中具有十分特殊的地位。

(5)关于三沙设施渔业产业园区的战略目标与定位。我认为,三沙设施渔业产业园区的战略目标是:建成我国的现代化三沙渔业体系,加强渔业行政管理的力度。现在三沙设施渔业开发基本上处在一种无序的自生自灭的状态,开发企业以小、散、弱为主,他们想去就去,想回就回,有些企业在那里进行网箱养殖多年但海域使用权没有办下来,所以要加强行政管理的力度,有效地利用开发三沙的渔业资源。其战略目标具体为:三沙渔业得到全方位的合理开发利用。通过对各类渔业资源的科学调查评估,合理确定养殖规模和生产布局,使三沙渔业资源得到可持续开发利用,使三沙水产养殖、观赏渔业、水产品加工等均得到发展,海洋生物药用资源也得到开发利用。同时,在"主权属我,搁置争议"的原则下,与南海周边国家实现某些资源或研究项目的合作,使三沙设施渔业产业园成为渔业经济发达、开发有序、生态健康、和谐稳定的新型设施渔业基地,达到维护国家主权和发展渔业经济的双重目的,最终建成环保、可持续,生态、经济与效益统一的、立体的、复合的设施渔业产业园。

在三沙施渔业产业园战略定位方面,可以考虑三大定位。一是凸显存在的海域产业园区,通过建立三沙施渔业产业园,鼓励我国渔民和渔业企业进入三沙开展渔业开发,形成和平开发三沙渔业资源的新格局,借此凸显我国在南海主权和管辖权的存在,为推进南海问题的解决奠定基础;二是现代化渔业产业集聚区,在三沙海域建立渔业养殖、渔业科研、渔业保护、渔品交易的综合产业集聚区,率先在渔业产业突破,扩大开放相对滞后的巨大空间,打通南海合作开发的瓶颈,使国家、地区和企业共同享受三沙渔业资源的利益;三是三沙渔业开发协调中心,通过产业园区的建立,构建统一的开发管理机制,协调参与开发企业和个人的养殖方式,并建立多层次的海上渔品交易市场、补给机制和安全保障机制,协调园区内企业和渔民的冲突和矛盾,破除渔业养殖障碍,采取限制措施协调解决海上渔业纠纷。

(6)关于三沙设施渔业产业园区的管理运作模式。我的意见是:构建政府主导,市场化运作和高科技支撑三位一体、相互配套的管理和运作模式。政府主导是一个推进三沙设施渔业产业园的核心推动性力量。对政府主导作用,我认为:一是政府要主导构建科技支撑体系。刚才有人讲到了以企业为主导的科技创新体系,不要简单地将国内目前一些产业发展到成熟阶段的模式移植到三沙地区,三沙是一个开发渔业的处女地,至少渔业设施是一个处女地,它正处于起步阶段,起步阶段在科技体系上显然还不能够复制目前所谓的以企业为主导的方式,还是要构建以政府为主导、科研院所和企业紧密合作的一个科技体系。由于科技支撑体系工程庞大,实施需要涉及的环节多,要确保其成功实现,就需要政府对整体实施工作进行周密的部署,并要建立完善的功能机制与科技政策才能得以保障,才能做到合理、高效、高水准地推行实施。因此,需要制定以下保障机制:制定科技支撑体系总体实施计划并对整体实施工作进行周密部署;建立完善的科技项目立项机制;建立完善的科技资金扶持机制;制定实施问责机制;制定实施总体进度计划;制定对渔业产业有重大贡献的科技项目奖励政策;制定吸引社会科技团队积极参与海洋科技事业的优惠政策等。二是基础设施的建设。这是政府责无旁贷的责任,我认为基础设施可以分步骤实施,当前要做的就是把数字信息化的服务平台建立起来,就像昨天林载亮先生讲到云计算的体系尽快建立起来。其次可以通过移动船队的方式构建公共服务体系,通过大型补给船队定期航次来解决渔品运输、海上交易、后勤补给等问题。甚至可以通过提前采购的方式来解决养殖区的企业在销售上的困难,包括供应的配套、销售的配套、生活的配套等等。在一个基础设施落后的海域构建产业园区,一定要通过公共服务平台的方式推动,没有公共服务平台是不可以的,陈教授讲到了社会化的服务平台,我认为社会化的服务平台是第二步,第一步应当以政府构建的公益性公共服务平台为主,以公共服务平台建设优先,企业开发跟进的这样一个路线恐怕是一个比较合适的选项。三是要构建产业园区的政策体系。首先要建立海域使用的政策体系,开始可以少收费、不收费即发证,只要符合产业园区的要求就支持有条件的企业进来开发;其次是岛礁岛屿使用的优惠政策,要赶快颁布出来。再次是财政政策。海南已经有了一套在落后地区推动产业发展的政策思路,比如说海南省现在有一个产业引导资金,资金规模不小,起到了较好的引导作用。我们希望在产业园区构建一个设施渔业的产业引导资金,通过产业引导资金来支持入住园区的企业,支持他们的发展。还有金融政策,金融包括三个方面:第一,银行贷款;第二,保险商业保险;第三,上市。比如,一些龙头企业可以通过上市的方式扩大融资渠道。最后是准入制度的设计。这个集群化的产业园区最大的好处就是避开了随地办厂、随地养殖难以管理、难以控制污染的现象,通过集中构建排污系统、集中控制的方式可以有效地避免一些严重破坏环境情况出现。所有这些都是政府要做的。

企业的主体地位。鉴于三沙的特殊情况,我认为应构建一个以大企业为主导,中小企业配套的市场架构,绝对不要随地开发,不要一开始就千军万马进去,这样做是不负责任的表现。从国际国内的情况来看,在一个落后的地区和一个产业起步的初期,采取这样的一个以大企业为主体的模式是有效的。通过大企业、大项目的带动和中小企业的配套,构建有效的产业链体系,可以实现海陆并行的方式,在海南岛本岛和西沙永兴岛这样的一些陆域地区适当布局一些和渔业养殖、加工、物流配套的园区。三沙设施渔业的开发一定鼓励企业按照市场的规律经营和发展,符合增收节支的原则运作。起步的阶段可以通过政府的资金推动,但是长久不可以,一定要达到符合增收节支规则的阶段,不符合增收节支的规则是做不下去的。

高科技支撑体系。我讲到高科技支撑体系,主要目的是明确政府的责任。对于作为三沙设施渔业产业园区的科技支撑体系,还需要讲得更完整一些。三沙设施渔业产业园的科技支撑体系涉及专业范围很广,需要动用广泛的社会资源,这是一项庞大的工程。推动这一工程的实施,需要有完整周密的规划设计和总体工作部署;需要制定实施保障机制和科技优惠政策;需要增大科技投入;需要创建"科技孵化器"系统;需要广泛宣传促使人们的观念随大时代转变。这五大需要是三沙设施渔业科技支撑体系的主要元素和重要条件。

以"科技孵化器"为例。"科技孵化器"应由产业园区管理委员会,海洋与渔业研究院,大专院校海洋专业学术机构、科研机构和科技领军人带领的防腐蚀专业、水声专业、密封专业、光电专业、海水淡化专业、制冷专业、鱼货保鲜专业、鱼类生物养殖专业、鱼类饲料专业等科技团队,科学实践试验船、科技银行、渔具厂、模具厂、渔业机械厂、船用电子电器设备厂、海用水泵厂、渔轮造船厂等组成。"科技孵化器"是萌发创新技术的载体,是产业应用技术研究的土壤,是科技人才展示智慧的平台,是技术成果转化为先进生产力的依托,是推动"产业园区"的驱动引擎。科技孵化器的启动,将能研发出一批又一批的创新技术,填补国内外远海渔业这一领域的技术空白,可以为入住园区的渔业企业和渔民提供及时的技术辅导和大型渔业科技项目的研发。

(7)关于三沙设施渔业产业园区的建设思路。由于南海问题的复杂性,建立三沙设施渔业产业园区应采取分步走的实施战略,总体思路是,先易后难,先内后外,既不要等待,也不要操之过急。"先易后难"是指首先在我国控制的无争议区内44万平方千米海域建设三沙设施渔业产业园区的框架。以由国家海洋局、海南省政府方为主建立管理机构,协调和管理产业园区的开发事务,在相关岛礁建立渔港开展服务。然后积极与有争议海域的国家进行协商,采取成熟一片开发一片的策略,逐步扩大产业园区发展区,最后扩散到三沙管辖的全部海域范围。再说"先内后外"思路。首先,组织海南、广东、广西等省区的渔业企业和渔民进入产业园区开展设施渔业生产活动,采取有效的扶持政策,鼓励国内企业和渔民进入产业园区开展投资和作业;同时,扩大到中国台湾、香港、澳门等地区;在产业园区的管理协调机制完善后,再逐步扩大至南海周边国家的渔民和渔业企业。

总之,加快三沙设施渔业产业园区的建设,首先要进一步解放思想,把思想统一到开发南海,维护主权共识上来;要跳出南海看南海,跳出渔业看南海,跳出南海看世界;进一步提高对三沙设施渔业产业园区建设重要性、紧迫性的认识,增强机遇意识、责任意识和国家意识。要积极推进三沙设施渔业产业园区尽快纳入国家重大战略规划,组织专门机构深入进行调研,尽快向国家提供具体方案,积极推进将三沙设施渔业产业园区纳入国家重大战略规划。要积极推进国家有关部门与海南省共同订立推进三沙设施渔业产业园区建设的战略合作框架协议;要把三沙设施渔业产业园区建设作为海南省和国家有关部门共同的重大战略任务全力推进。在目前情况下,通过海上渔业园区的模式把中央政府的力量、地方政府的力量、企业的力量调动起来,才能够达到有利于开发,有利于管理,有利于维护生态,有利于企业可持续性发展的目标。

张 本:

这个构想很好,也是很宏伟的,构想也比较全面。我请教的问题是,这个构想中的产业化园区是一个虚拟的还是一个实体的？假如是实体的，涉及边界的问题，这个园区在哪个范围里面？因为，在三沙设置渔业产业园区，涉及浩瀚的海域和星罗棋布的岛礁。现有在陆域的产业园区都是有边界的，或者明确在哪个区域或什么地方。

胡卫东：

这个应该是实体的产业园区。我记得山东已经有一个蓝色的产业园区规划，目前浙江出现产业园区的规划也都是在海上的。这个实体的意思是在三沙行政管辖范围内的海域，根据产业园区的统筹规划布局，并不一定集中在某一个小的海域范围内，在整个海域范围内通过三沙市政府的统筹规划或者授权而设立。产业园区的管委会统筹规划，按规划进入园区的设施渔业养殖区，一个点或者若干个点，由产业园区管委会进行统一管理。比如说海口市现在的高新技术产业园区，它的点已经扩大到了五个，就是以一个园区多点布局。这在园区的设计上是没有问题的，所以我的构想中它是一个实体的，不是虚拟的。

征庚圣：

假如海南本岛划出一块土地给三沙使用，这一块土地到底放在海上还是说放在海南本岛呢？

胡卫东：

陆地的加工区，我认为可以选在海南本岛，在和三沙最有关联的地区，在三亚或者在琼海、文昌，作为后勤补给基地和加工基地。专门为三沙的养殖业加工产品，实现产业化的配套生产。我认为，在三沙自己的管理地域上也可以设置产业园区，应该具备三个功能定位，第一是凸显行政管辖权；第二是设施渔业的集聚区，在现代产业开发当中特别强调集聚，集聚可以相互支撑、抱团发展；第三是设施渔业合作开发的协调中心，我们缺乏这样的一个协调机制，协调中心可以放在西沙的永兴岛上，但是加工区不能放在岛上。

陈积明：

胡卫东院长这个产业园区的构想，我觉得这是一个比较大胆的，而且比较有创意的，也是一个可行的设想。可以由政府主导、市场运作，并进行有效管理。

陈国华：

通过产业园区获得政府支持的理念是可以的。至于大项目带动的问题，其实三沙渔业就是一个产业系统，这个系统大到什么程度，是一个规模的问题。如果一头大一头小就很难存在，要有一个循序渐进平衡发展的问题，怎么样才能实现呢？

胡卫东：

如果进驻的都是小型企业，他们的自我封闭性比较强，成本自然就比较高。大项目就是系统化程度比较高的项目，比如说自我配套已经相对比较完整。大项目大企业进园区可以带动其他项目，也会起到一定的支撑作用。

张尔升：

设施渔业产业园区是一个很好的构想。我觉得不能局限在三沙市，可以定位为整个海南的设施渔业产业。海南的网箱渔业发展很快，在琼海或者哪里划一块地专门做一个产业园区。这样既可以服务海南又可以服务三沙，因为三沙毕竟区域有限，如果放在琼海或其他地方，整个海南建立一个产业园区会比较好。

郭根喜：

我讲一点不同的意见。首先这个产业园区构想很好，广东海上产业园区已经启动三年了，目前还在建。但是，我对这个产业园区的内涵提出一些质疑，把所有的大项目包装到一个产业园区里面是有问题的，因为我们的生产组织协调性、企业文化、企业与企业协同性还未达到同一水平，造成相同的项目存在的排他性。我主张在产业园规划时要把功能分工定位好,园区内各大企业都要有自己的定位,不要重复,这个产业园区就可以办得比较好。

陈傅晓:

我赞成设立大项目大企业带动的产业园区,但不赞成在海南本岛专门划地作为三沙的后勤补给基地,没有必要专门划一块土地。划块土地给企业经营管理,是不是在经营过程中会出现垄断?如果专门为这个地方服务会造成市场的一些混乱,所以不赞成这个观点。

程光平:

我认为设立产业园区必须有一个工作的程序。第一步,首先对三沙渔业产业进行总体规划。第二步,根据这个规划建立最基本的服务体系,在这个前提下才能谈项目,才能谈基地。如果连最简单的交通网络都没有,建汽车站?还是轮船码头?还是飞机场?我们的人员怎么进去,补给怎么去,这些必须在总体的规划中考虑,建什么样的服务设施或者服务体系。有了这些服务体系才能谈上面所说的那些基地、项目等,否则是没有办法讲的。

征庚圣:

建立产业园区的思路是对的,但是论证工作需要加强。一是因为目前三沙本身没有GDP的统计资料,国土、海洋这一块没有统计资料。海洋渔业统计工作很需要加强。二是大企业大项目必须考虑引入的资本,我们要引入资本或从其他的地方引入资本,必须考虑长期效应。第三,三沙是市而不是县,建立产业园区的重要性在什么地方,应该论证。

陈国华:

专题三——三沙设施渔业技术体系和管理体制新模式,按学术沙龙的安排由我和胡卫东院长主持。胡院长关于建立三沙设施渔业产业园区的大构想,我很赞成。下面请我们的领衔专家雷霁霖院士做总结发言。

雷霁霖：

谈不上总结，这里想谈的就是再给我一次机会表达一下我的观点。我首先非常感谢组委会邀请我来参加这次学术沙龙，这种形式很好，可以碰撞，可以发表个人观点，可以有一些讨论。但是，南海问题太复杂了，就靠这么一天半不可能解决问题，然而是一个良好的开端，还有后续的行动，这样一种学术沙龙的形式，我相信毫无疑问地可以发挥很大的作用。这里重复表达一下我的观点，开始时的发言算是前言，现在讲的就是后语了。我很天真，我很爱幻想。我作为中华人民共和国的公民，非常关心南海的形势，非常关心我们的南海这一块净土。我国有 18000 千米的海岸线，其他沿海海域都受到了不同程度的污染，就是三沙这片净土值得我们大家共同维护。所以，我的第一个观点——这次沙龙上发言的题目就是南海现代渔业发展战略，而不是直接谈设施渔业。因为设施渔业属于南海渔业战略的一部分，一个重要的组成部分。为什么呢？因为现代渔业包容了捕捞业、养殖业和其他的一些运输业等，可以包容许多许多。如果我们单纯只提设施渔业可能包容不了捕捞业。

第二，我们在南海岛礁区域，包括沿岸的岛礁区和深海的岛礁区，不能简单复制陆地沿海的养殖模式，而应根据南海海域的实际情况做出创新，这是我要陈述的一个核心的观点。因为这里有特殊的自然条件，特殊的养殖品种，所以必须根据实际情况做出创新。

第三，我们一定要高起点地走工业化的生态型养殖之路，这是南海渔业发展的必由之路。因为我们国家是全世界第二经济体，我们的海水养殖技术在世界上是可以叫得响的，所以不能沿袭以前的那种低水平技术的碰撞，一定是高起点，走工业化的生态型养殖之路。为什么叫工业化，工厂化就不行呢？一字之差，但是水平不一样。工业化的生态型养殖是完全可控的，工业化的每一个生产环节都是可控的。如果是一般的工厂化，就不行，达不到这个要求，所以一定要走工业化的生态型的养殖之路。

第四，树立海权和国权的观点。为什么要树立海权？海权就是国权，对于领土观念，以前中国人很淡薄，只知道 960 万平方千米的陆域国土，而没有把 300 万平方千米的海域国土作为我们的主权来看待。我们一定要宣誓主权，维护主权，海权就是国权。我们在南海发展设施渔业，发展工业化形态的航母型养殖产业是我们的最佳选择。为什么呢？这样可去可来，是有移动性的。前不久我跟郭根喜教授在上海一起策划的航母型养殖产业，现在有一点眉目了，就是将10万吨级的邮轮改装成我们的养殖航母。这个养殖航母可以到最远的海区进行作业和养殖，养殖的产品可以让船队把它运回来，养殖航母上面有加工、淡水制造的设备，也有生活娱乐的一些设备，说到底就是一个大型的移动性的渔业平台。这个大型的移动性的渔业平台可以到南海进行作业，然后跟捕捞业相结合。现在的一些捕捞渔船续航能力很低，速度也很慢，以后捕的鱼可以不卖到外国去了，直接送到这个平台上，加工成产品，通过运输船到大陆或者其他国家销售。这样，生产平台可大大提高渔业产品的价值。这就是我们最初想做的一件事情。

最后讲一讲我的建议。从长远考虑，要开发设施渔业，其战略目标是什么样呢？第一点，走"官产学研"结合之路，建设海洋强国。仅仅靠一两条渔民搞小生产是不行的，我们要用工业化的实力打造工业化形态的渔业，才有可能走渔业强国之路。第二点，中国的国力强了，综合国力强了，我们一定要高起点打造南海工业化的渔业。第三点，古有屯田戍边，今有屯鱼戍边。维护三沙海洋权益，唯一的出路就是要有我们的人驻扎在那里，或者有我们的船抛锚在那个附近。我们支持渔民在礁上发展渔业生产，形成产业，这才是固有领土。以前，新疆是屯田戍边，清朝派部队保卫农民、开荒种田，成了生产者，现在还有许多的建设兵团就是这种形态的。我们这个南海不能屯田，不能种田，只有通过发展设施渔业，才有可能促进南海地区的长治久安。第四点，设施渔业扎根南海并与捕捞业相结合，建设捕捞和养殖产品的加工储藏平台，以利于市县经济多元发展。第五点，三沙离我国本土太远，所以必须积累这方面的开发经验，这些都是今后重要的研究课题，我们要积极参加研究，并提出解决的办法。第六点，开发南海一定遵循保护、开发、利用三结合的原则。这其中，首要是保护，大家应该有保护的意识。凡是到三沙礁盘或者海域，我们的国民都应该首先是要有保护的意识，开发是有序的开发、有度的开发，要有规划。对于利用也不能有价值就用，没有价值就扔了。其实，保护、开发、利用三结合原则，无论放在哪个海区都是适用的，尤其是南海。胡卫东院长刚才讲了一个整体化很强的概念，建立三沙设施渔业产业园区的构想，这起码可以作为一个理念在南海实施。不一定马上出现,这个园区建设在我国大陆沿海省区已经早都有了,环渤海沿岸很多园区都是成功的。我来参加这次学术沙龙的时候,我听说有两个观点。一个就是保护不能动,一个观点是要开发、要经济效益,这两个是有矛盾的。两者怎么样兼容? 政府主导、龙头企业积极参与,有了保护、开发、利用三结合原则的思想基础,就有可能把我们的产业做好,尤其是养鱼工船。日本已经有了,法国已经有了,我们中国这么大的一个经济体,为什么不可能有? 我们将已有的一些经验积累,放大到南海,但是无论养鱼工船,还是大网箱,还是放牧式养殖,必须建立样板,有了样板以后再扩大,或者暂时不铺开,样板建立起来了可以带动发展。

最后提两点建议:第一,即便是三沙设施渔业做成功了,也要建立评估制度,每三年一评是需要的,一开始就要对规划或实施方案组织专家评估。专家要为三沙出谋献策,要为三沙撑腰。第二,建议将我们的方案上报到国务院和发改委,在国家层面来做这一件事情,不仅仅是地方政府做这件事,这样我们就"活"了。

专家简介

（按姓氏拼音排序）

蔡 枫

北京大学 EMBA，多家香港上市公司高管，2007 年起关注并投资于工厂化循环水珊瑚人工繁殖研究，现与海南大学海洋学院合作创办澜邦珊瑚实验室。

陈傅晓

海南省水产研究所海水养殖研究室主任，高级工程师。从事水产养殖工作 20 余年，近年来主要围绕着深水网箱养殖、热带海水养殖新品种繁育及养成开展研究工作，目前主持或作为骨干参与的国家级及省级项目 10 余项。主持或承担的研究成果"鞍带石斑鱼池塘及工厂化无公害健康养殖技术集成与示范"、"古蚌工厂化育苗技术研究"、"近岸新型网箱研制与鱼类无公害健康养殖技术集成与示范"达国际先进水平；曾获国家海洋科技创新奖二等奖和海南省科技进步奖三等奖各 1 项。作为主要执笔人编制"海南省深水网箱养殖发展规划"通过评审；申报 4 项国家专利，3 项获授权；编制"卵形鲳鲹深水网箱养殖技术规程"等多项技术规程通过评审发布。在国内核心刊物上发表《卵形鲳鲹深水网箱养殖风险对策分析》、《古蚌生物学特性及人工育苗技术》等论文近 30 篇。

陈国华

教授，博士研究生导师，海南省有突出贡献优秀专家。海南大学海洋学院院长。主要研究方向：热带水产养殖生物生殖调控与繁育研究。从事《鱼类学》、《海洋生态学》等课程的教学和水产养殖科研工作近 30 年。近十多年来，主要从事石斑鱼的人工繁育研究，在国内首次报道取得点带石斑鱼全人工繁殖的成功，完成了该鱼的性转化诱导技术、人工繁殖技术、人工育苗技术及部分生物学基础研究。之后，致力于石斑鱼人工繁育各技术环节的组装、配套，创立了一种以碎屑食物链为基础的水泥池育苗的环境条件控制技术，优化了石斑鱼池塘生态育苗技术和网箱培育亲鱼产卵等技术，不仅推动了石斑鱼养殖产业的发展，还有效地保护了石斑鱼自然资源。获海南省科技成果奖一、二、三等奖 6 项，海南省科技成果转化一等奖 1 项。发表论文 70 余篇，出版著作 3 部，完成省级或以上科研项目 10 余项。

陈 宏

海南南海热带海洋生物及病害研究所所长，海南国际旅游岛黎安先行试验区顾问。多次到三沙科考，连续十多年从事三沙海洋观赏生物方面的渔业活动，也曾为热带作物生物技术国家重点实验室客座研究员。1987～1995 年在中国科学院南海海洋研究所工作，参与"八五"国家自然科学基金项目中的珍珠贝、异枝麒麟菜等方面的科研工作。此后一直在陵水、三亚等地从事研究与技术开发工作，于 2003 年创办海南南海热带海洋生物及病害研究所，期间分别承担或参与有国内外科研项目近 20 项，如：联合国开发计划署/全球环境基金/中国政府的"三亚珊瑚移植与监测项目"（2006～2008 年）首席专家；联合国开发计划署/全球环境基金"陵水海草特别保护区社区参与式可持续发展"项目总负责人。

陈积明

长期从事海洋渔业资源与捕捞技术研究、承担多项国家与省级科研项目，撰写多篇学术论文，获得多项科研奖项和荣誉称号。

程光平

博士,教授,硕士研究生导师,广西大学水产学学科带头人,水产专业主要课程责任教授,国家现代农业产业技术体系广西创新团队(罗非鱼产业)岗位专家。先后主持国家科技攻关及科技支撑计划课题各1项、广西科技重大专项课题1项、广西科技攻关及厅(局)级科研课题19项;获广西科技进步奖二等奖1项、三等奖2项,地(市、厅)级科技进步奖一等奖和二等奖各1项。近年来在国内核心期刊等刊物公开发表论文19多篇,编写专著1部,申请并获得授权国家发明专利2项。

冯永勤

教授,硕士生导师,国务院特殊津贴专家。海南大学海洋学院研究员。主持和参与国家及省部级的科研项目20多项。其中,"杂色鲍的人工育苗及养殖技术推广示范"项目,获海南省科技成果转化一等奖;"热带水产养殖动物微生物性疾病检测及安全高效控制技术研究"项目,获海南省科技进步奖一等奖;"紫海胆人工育苗及养殖技术研究"和"鲍鱼沉箱养殖技术示范"两个项目,均获海南省百项农业新技术推广奖二等奖;"海南岛水生贝类资源调查"项目,获海南省科技进步奖二等奖;"泥东风螺人工繁育技术研究"和"方斑东风螺人工育苗及养殖技术研究"项目,分别获海南省科技进步奖三等奖。发表学术论文30多篇,专著有《海南岛贝类原色图鉴》、《东风螺养殖技术》、《九孔鲍养殖技术》、《九孔鲍养殖实用技术》等。

郭根喜

中国水产科学研究院南海水产研究所研究员,渔业工程研究室主任,中国水产科学研究院渔业装备与工程技术领域首席科学家。过去的30余年,主要致力于现代海洋渔业与设施养殖工程装备前沿技术研究与应用开发研究。"十五"以来,主持国家"863"计划、国家科技支撑计划和省部级项目课题20余项。所带领的研究团队研制出具有完全自主产权的我国第一套HDPE升降式深水抗风浪网箱、首台深水网箱养殖远程自动投饵系统装备、国内第一套深水网箱养殖自动控制软件,开发出水下高压射流洗网机等多套重要技术装备。项目成果使我国打破了国外技术垄断与封锁,成为继挪威、美国之后第三个能全面掌握深海养殖工程技术的国家。所带领的研究团队取得的成果得到广泛应用。技术支撑广东、海南、广西沿海建立了5个规模化深水网箱产业园区,深水网箱规模达5000个。为南海三省(区)编制了《广东省深水网箱养殖发展规划(2005—2015)》《广西壮族自治区海洋渔业发展规划(2003—2015)》《海南省海洋渔业产业发展规划(2003—2010)》,提出的以工业园区理念建设深水网箱海上产业园区,得到南海三省政府的大力推广实施,促进了地区渔业经济发展,促进了"订单渔业"养殖的发育。作为第一完成人先后获广东省科学技术奖一等奖等省部级科技奖励10余项;获授权发明专利15项;发表论文20余篇;著有《深水网箱理论研究与实践》和《拖网网板动力学理论研究与实践》等学术专著6部。

胡卫东

高级经济师。海南省管理现代化研究会会长,海南南海经济技术研究院院长。专职企业发展和产业经济研究,在国内主流学术刊物上发表企业管理、人力资源管理、产业经济、水产经营与管理等方面的论文132篇,承担国家级研究课题和省级研究课题6个。2010年,提出"关于设立南海渔业经济合作区建议",从南海渔业资源优势及其海域特点出发,提出在南沙、西沙和中沙海域建立海洋渔业经济合作开发区,并从技术、资源、体制、机制和国际法层面进行了系统分析,对南海渔业功能区进行了分类规划和布局。2011年以来,带领南海经济技术研究院的同事们,对海南文昌、琼海、陵水、乐东、昌江、儋州等县市的海水养殖业进行了实地调研,掌握了海南海洋渔业发展的基本情况,并对40多家海洋渔业养殖企业及加工业企业进行管理咨询服务,对海南海洋渔业产业链及其配套发展趋势提出了系统化解决方案，得到企业和当地政府的好评。

黄 海

博士，副研究员，水产养殖工程师。三亚市南繁科学技术研究热带海洋生物技术研发中心主任。主要从事鱼类遗传育种、人工繁育、生殖内分泌、遗传多样性分析、种质资源保护与开发利用等领域的基础与应用研究。曾参与完成国家自然科学基金项目、国家科技支撑计划重点项目、国家"863"计划项目等科研课题 10 余项。目前，主持省科技重点项目 1 项、国际科技合作重点项目 1 项、省自然科学基金 1 项、三亚市重点科技项目 2 项、三亚市院地合作项目 3 项；作为合作单位负责人参加国家自然基金项目 1 项。至今共发表学术论文 30 篇（以第一作者发表 12 篇，SCI 收录 1 篇，核心期刊 9 篇）；参与编写学术专著 2 部。曾获海南省科技进步奖一等奖 1 项、三等奖 1 项，三亚市科技进步奖二等奖 1 项，万宁市科技进步奖 1 项，2009—2010 年度海南省自然科学优秀学术论文三等奖。2011 年被海南省科技厅评为海南省优秀科技特派员。"淡水石斑鱼人工繁育与健康养殖技术研究与示范"项目获得首届中国农业科技创新大赛科技特派员农村科技创新创业大赛初创组一等奖。

黄 晖

研究员。中国科学院海南热带海洋生物国家重点实验站站长。主要从事珊瑚生物学和珊瑚礁生态学研究，先后主持了 10 余项国家自然科学基金、科技部支撑项目、中国近海海洋综合调查与评价项目、中国科学院知识创新工程重要方向项目等多个项目。亲自潜水掌握第一手海底珊瑚礁资料，开展了大量的野外珊瑚礁生态调查工作，足迹走遍福建、广东、广西、海南岛沿岸以及西沙群岛和南沙群岛的部分岛屿。2005 年起担任全球珊瑚礁监测网（GCRMN）东亚国家协调员之一，2006 年起担任亚洲珊瑚礁学会(Asia Coral Reef Society)委员,2010 起担任国家水生野生生物保护科学委员会委员,2009 年起担任中华人民共和国濒危物种科学委员会委员,2009 年起担任国际海委会西太平洋珊瑚礁小组(IOC/WESTPAC – CorReCAP)成员。近年来发表研究论文 50 余篇(SCI 收录 30 余篇)。专著 4 部,申请和获授权专利 10 余项。

江 涛

副研究员。中国水产科学研究院渔业机械仪器研究所海洋渔业工程研究室副主任。主要从事渔船捕捞、网箱配套设施等装备技术研发工作。负责承担和参与国家"863"计划、福建省发改委"五新"项目、国家支撑计划等课题。主要研制网箱起网、数字化管理系统、网箱声呐鱼群量统计、沉式鲆鲽类网箱、顺流式网箱、网箱废弃物收集系统等装备。负责网箱及捕捞水产行业标准的制修订。在远洋捕捞装备技术研究方面,为企业研发配套远洋起网绞钢机、落地起网机和动力滑车等捕捞装备,已推广多台套捕捞系统设备。把多年的海洋捕捞装备技术研究成果运用于国家重点项目"载人航天工程着陆场系统飞船返回舱高海况打捞设备的研究"。完成返回舱打捞系统设备的安装、调试、并赴太平洋执行安全保障任务。在国内学术刊物上发表论文 10 篇。曾获军队科技进步奖一等奖,上海市科技进步奖二等奖,水科院特等奖,范蠡科学技术奖二等奖。申请专利 12项,获授权发明专利 4 项。

雷霁霖

中国工程院院士,著名的海水鱼类养殖学家,增养殖理论与技术的主要奠基人,工厂化育苗与养殖产业化的开拓者。中国水产科学研究院黄海水产研究所研究员,中国海洋大学、厦门大学和大连海洋大学兼职教授和博士生导师。半个多世纪来,一直以工业化理念为指导,引领海水鱼类养殖产业发展新潮流。主持完成30多项国家重大科研项目,系统研究了22种海水经济鱼类的增养殖理论和技术,其中8种已经实现产业化。20世纪60～80年代,首先突破梭鱼等10多种经济鱼类的育苗工艺,相继构建起工厂化育苗技术体系;90年代初,作为首席专家,主持"中日合作"和"八五攻关"项目,创建了达国际先进水平的真鲷工厂化育苗新工艺和新技术;率先在国内开辟了多种海水经济鱼类人工苗种大规模放流增殖的系列研究方法。1992年首先从英国引进良种大菱鲆,取得了工厂化连续多茬育苗关键技术的重大突破,全面构建起大菱鲆"温室大棚+深井海水工厂化养殖模式",对我国第四次海水养殖产业化浪潮的兴起和沿海"三农"经济的发展做出了重要贡献。由于在国内外产生了巨大的影响而被誉为"中国大菱鲆之父"。1997年"渤海渔业增养殖技术研究"项目获国家科技进步奖二等奖。2001年"大菱鲆引种和苗种生产技术研究"项目获国家科技进步奖二等奖;2002年获杜邦科技创新奖、山东省"富民兴鲁"劳动奖章和青岛市贡献突出人才奖;2006年获何梁何利基金科学与技创新奖;2008年获中国水产科学研究院功勋科学家奖和青岛市科学技术最高奖;2012年获"山东省科技兴农功勋科学家"荣誉称号等多项奖励。已出版《海水鱼类养殖理论与技术》和《大菱鲆养殖技术》等专著和合著11部,发表论文140余篇。培养了一支国家级的海水鱼类养殖研究团队和逾千名一线专业技术人员,使之成为推进我国当前海水鱼类养殖科研和产业开发的骨干力量。

李向民

研究员,海南省"515人才工程"第一层次人选,全国杰出专业技术人才,全国海洋与科技先进工作者。海南省水产研究所所长。一直从事渔业科研和管理等研究工作。先后承担20多项国家、省部级水产科研项目,曾获国家科技进步奖二等奖、全国农牧渔业丰收奖一等奖、海南省科技进步奖二等奖、省农业新技术推广一等奖、海南省科技成果转化特等奖和一等奖、国家海洋科技创新成果奖二等奖等国家和省部级奖项10多项。发表学术论文50多篇,专著3部。

林载亮

副教授,农业技术推广研究员。海南富华渔业开发有限责任公司董事长(法人代表)。

刘 维

海南省水产研究所捕捞资源研究室主任。从事南海渔业资源开发和渔具渔法相关方面的研究与应用工作,先后主持和参与了省级以上相关项目,如南沙群岛中上层渔业资源调查与开发、西中沙群岛渔业资源调查、海南渔情监测与渔业资源评估、海南带鱼刺网研究、海南有毒鱼类资源调查等项目,特别是南沙群岛中上层渔业资源调查项目,是我国首次利用灯光围网作业调查南沙群岛中上层渔业资源,发现了较大资源量的鲹科鱼类、鸢乌贼和金枪鱼资源。主要论文:《热带东太平洋拟锥齿鲨的繁殖生物学特性》、《北太平洋长鳍金枪鱼渔业现状以及我国发展对策》、《热带太平洋中东部大眼金枪鱼摄食强度的时空变化》、《南沙群岛春季灯光围网渔业资源调查初步分析》等。

刘晓春

博士,广东省高等学校"千百十工程"省级培养对象。中山大学生命科学学院教授,博士生导师。曾主持国家科技支撑计划课题、国家自然科学基金项目和广东省科技计划项目等多项国家级和省级课题的研究工作。现为"十二五"国家"863"计划海洋技术领域"典型海洋生物重要功能基因开发与利用"项目首席科学家。近五年,作为第一作者或通讯作者,在 *Biol Reprod*,*J Endocrinol*,*Gen Comp Endocri-*

nol 等生殖和比较内分泌领域的国际一流刊物发表论文 20 余篇，参加编写论著 2 部；作为成果主要完成人，获得广东省科技进步奖一等奖 2 项，教育部科技进步奖一等奖 3 项等多项奖励。获授权国家发明专利 2 项。

卢传安（李育培代表参会）

琼海时达渔业有限公司总经理。1988 年毕业后在渔船上当水手，2004 年后开始购买渔船从事远洋捕捞业，任船长。2004 年到 2010 年先后再购进三艘，扩展远洋捕捞业。由于本人事业不断发展壮大，于 2011 年 3 月在琼海市成立了琼海时达渔业有限公司，出任公司总经理。同年公司在西沙永乐群岛石屿海域建立了深水网箱养殖基地。

石建高

研究员，中国水产科学研究院中青年拔尖人才，中国水产科学研究院"百名科技英才培育计划人选"。上海海洋大学及大连海洋大学硕士生导师，中国水产科学研究院东海水产研究所捕捞与渔业工程实验室副主任、农业部绳索网具产品质量监督检验测试中心副主任（质量负责人）、威海市深水网箱工程技术研发中心副主任。主要从事渔具材料、网箱工程、渔具及渔具材料标准化、渔具渔法和绳网质量检测研究等。作为第二完成人分别获上海市技术发明奖二等奖 1 项、海洋创新成果奖二等奖 1 项、中国水产科学研究院科技进步奖一等奖 1 项、威海市科学技术奖二等奖 1 项。主编《渔用网片与防污技术》，副主编《渔具材料与工艺学》，作为主编目前正组织团队（包括上海海洋大学、中国海洋大学、国际铜业协会、大连天正实业有限公司和浙江海洋水产研究所等）编写《金属网箱与养殖技术》、《渔用绳索与装备技术》等图书。参与制修订 GB/T 8834《纤维绳索有关物理和机械性能的测定》等绳网材料各类国家标准、行业标准和企业标准 30 多项；公开发表"渔用超高分子量聚乙烯纤维绳索的研究"等论文 40 余篇；已获"一种渔用自增强乙纶绳索"等授权国家专利 50 多项。

孙　龙

中国水产科学研究院研究员。主持南沙"623"工程总体规划、《南海西南中沙渔业补给基地》等国家级渔港工程100余项，主持或协助主持国家渔港项目190余项，承担和参与"全国渔港建设'十一五'、'十二五'"规划的编写。在《水运工程》、《渔业现代化》等核心学术刊物发表论文10余篇。主持研究"振冲碎石复合地基处理海域地基技术"应用于山东石岛国家中心渔港重力式码头地基处理工程，研究成果达到国内领先水平。获农业部优秀设计与咨询成果二、三等奖4项、国家海洋局贡献荣誉奖1项、中国水产科学研究院科技进步二等奖1项、全国优秀科普作品三等奖1项。

王爱民

博士，博士生导师。海南大学海洋学院水产养殖系教授。主要从事贝类遗传育种、贝类养殖技术和海洋牧场建设的教学研究工作。先后主持或参加"973"计划2项，"863"计划项目3项，科技部国际科技合作项目2项、农业科技成果转化资金项目2项，国家自然科学基金项目8项，发表论文70多篇（SCI收录15篇），出版专著1部，获发明专利13项，成功地培育出海南第一个水产新品种，也是国内第一个海水珍珠贝新品种——马氏珠母贝"海优1号"，获得省级科技进步奖二等奖2项。

黄小华

主要研究方向：设施渔业工程、网箱数值模拟、流体力学研究。近5年来，主持广东省自然科学基金等项目3项，作为主创人员参加国家级、省部级相关网箱项目10余项。获广东省科学技术奖一等奖、广东省农业技术推广奖一等奖。获授权发明专利3项（第二完成人），参编专著1部，以

第一作者发表网箱工程技术论文 10 篇。

张 本

　　海南大学海洋学院名誉院长、二级教授、中共海南省委政策研究专家论证咨询委员会成员、国家海洋功能区划专家委员会委员。在水域国土整治和水产养殖领域造诣较深。曾获国家科技进步二等奖(第一完成人)1 项,省部级科技进步奖一、二、三等奖 15 项,主编出版专著 11 部,发表论文 120 多篇。关于建设"江西鄱阳湖生态经济区"(1997年)、"海南热带海岛型生态省"(1991 年)、"以海兴琼,建设海洋强省"(1991 年)等建议都已被政府采纳并付诸实施,有的已上升为国家战略。设施渔业主要论著有《抗风浪深水网箱养鱼存在的问题及对策建议》、《南麂列岛人工鱼礁生态休闲渔业设计与初步实施》、《介绍一种近海养鱼张力腿网箱》等。

张尔升

　　海南大学经济管理学院教授。研究方向:区域经济学、海洋经济学。发表论文 60 多篇,学术著作 4 部,其中在《中国工业经济》、《经济学动态》等 CSSCI 期刊上发表论文 20 多篇,发表海南区域经济和南海经济研究的论文 13 篇。

张 鹏

　　副研究员。任职于中国水产科学研究院南海水产研究所。主要从事渔具渔法及南海外海渔业资源开发研究。主持的课题有:南海鸢乌贼声学特性与趋光行为研究;南海深海头足类资源开发技术研究;南海鸢乌贼渔业生产调查和渔业生物学研究;西南沙金枪鱼资源开发利用可行性研究;南海周边国家海域渔业资源和渔业情况研究。参加的课题有"863"计划项目"鱿鱼资源捕捞与加工技术开发"等3项。主要论文:《南海区金线鱼刺网网目选择性》、《南海金枪鱼和鸢乌贼资源开发现状及前景》等。

征庚圣

经济学博士,高级经济师。工作经历丰富,从事过信贷管理、企业咨询、政策研究等工作,对于海洋经济发展中的体制机制创新、产权制度和治理结构有着比较独特的看法。

南海应建设渔业"南繁"基地

——专访中国工程院院士雷霁霖

范南虹

"古有屯田戍边,今有屯渔戍边。作为一名从事海水鱼类养殖研究的科技工作者,我是多么渴望能在美丽的三沙拥有一片实验海田"。今天上午,在中国科协第 71 期新观点新学说学术沙龙期间,中国工程院院士、中国水产科学研究院研究员雷霁霖接受了海南日报记者专访。

雷霁霖是我国著名的海水鱼类养殖学家,工厂化育苗与养殖产业化的主要奠基人和学科带头人,同时他还是省政府咨询顾问委员会委员,与省水产研究所等科研机构也有科研合作项目,对海南海水养殖业和捕捞业的发展非常关注。而水质优良、渔业资源丰富的南海更是他关注的重点。

让雷霁霖痛心的是,相对于南海周边国家,南海渔业对国家经济贡献并不大。南海渔业种质资源丰富,是中国四大渔区之一,水质肥沃,饲料充足,是经济鱼类的索饵场和越冬场,渔业产量丰富。据调查,南海海域单单鱼类 2000 多种,高经济价值鱼类约 200 多种,主要有石斑鱼、隆头鱼、蝴蝶鱼、金枪鱼、马鲛鱼、乌鲳鱼、银鲳鱼、红鱼、鲨鱼等,如果加上贝类、虾类、蟹类等,是一个巨大的渔业种质资源宝库。2011 年,越南在南海金枪鱼年可捕量约 11 万吨,创汇 3 亿美元。我国南海三省区的捕捞量仅为 300 吨。

今年 7 月 24 日,三沙市正式揭牌成立,标志着我国对南海海域行政管理体制的重大转折,南海渔业发展空间更为广阔,也给了雷霁霖在南海开展渔业科研以极大的鼓励和信心。

"发展海水养殖业,良种良苗先行。"雷霁霖说,由于海水养殖种业落后,国内现在许多海淡水养殖品种都从国外引进,如多宝鱼、罗非鱼、南美白对虾等。"引进外来品种,对生态环境和资源安全都有威胁。南海渔业资源如此丰富,海南发展海水养殖业,完全不需要从国外引进品种。从南海渔业资源宝库中,任选一个经济价值高的品种做大做强,都是一个了不起的产业"。

"海南因为特殊的光热资源优势,南繁育种全国有名,为我国农业发展贡献卓越。同样,海南也有水产养殖业品种育种的绝对优势。"雷霁霖说,海南海域面积广阔,海水清澈,水质无污染,长夏无冬,一年四季都可繁殖、培育海水养殖的良种良苗。因此,他非常希望,通过政府的主导和支持,在南海建立一个渔业种质资源保护基地。

"海南海水养殖业有南繁育种的优势了,还需要形成一种氛围。"雷霁霖说,每年冬天,有20多个省市的5000多名农业专家前往三亚、陵水、乐东等市县开展南繁育种,如果南海也有一个这样的水产育苗基地吸引全国的水产育苗专家,那将是海南对全国大农业发展的又一个巨大贡献。

"在粮食安全的前提下,渔业种业的发展很容易被忽视。每当我和袁隆平、吴明珠等院士交谈时,他们问起我冬天去不去海南育苗育种?在海南有没有育种基地?我都深感惭愧。"雷霁霖告诉记者,他多次以院士身份,给海南有关方面写信,建议在南海开辟"水产育种硅谷",做大做强海水育苗、育种文章,其贡献率更会超越海南冬季瓜菜对全国"菜篮子"的贡献。

对于三沙渔业的发展,雷霁霖建议,一定要摒弃急功近利的养殖模式,要在南海发展现代渔业,不要简单地复制陆沿近海养殖模式,要根据南海海域的实际情况做出创新;要高起点,走工业化、生态型养殖之路,发展设施渔业新模式,开创海陆接力、基地化、岛链化、多元化南海养殖新模式。

"南海有许多礁盘,是高档经济鱼类最喜欢的栖息环境。可以在这样的海域里,构建管理型的放牧式人工或半人工渔场。"雷霁霖建议,将天然鱼礁与人工鱼礁相结合,改善海域生态环境,营造热带海洋生物良好的栖息地,为鱼类等提供繁殖、生长、索饵、庇护和避敌场所,可达到保护南海种质资源、培植放牧式渔业的目标。

　　总而言之,"发展南海渔业具有重要的战略地位,它是保卫、规划、建设我国南海的一项宏图伟业,要全力以赴加以推进。"雷霁霖说,通过在南海发展设施渔业,将设施渔业与捕捞业相结合,可实现南海渔业多元发展,促进南海地区长治久安。他希望,终有一天,可在美丽三沙拥有一片实验"海田"。

《海南日报》(2012 年 12 月 5 日 A8 版)

专家建议在三沙发展礁盘设施渔业

刘 莉

　　近日召开的中国科协新观点新学说学术沙龙将目光投向我国新建的海南省三沙市,沙龙主题为"三沙设施渔业模式"。中国工程院院士、中国水产科学研究院黄海水产研究所研究员雷霁霖等专家指出,发展礁盘设施渔业,提高开发能力,对推进三沙渔业经济发展和维护国家海洋权益至关重要。

　　成立还不到半年的三沙市,是中国目前最"年轻"的地级市,也是中国最南端的领土海域,下辖西沙群岛、南沙群岛、中沙群岛的岛礁及其海域,海域面积260多万平方公里,可持续产鱼潜力约为270万吨。如何科学、合理开发渔业资源,成为本期学术沙龙探讨的重点。

　　雷霁霖提出,发展三沙渔业,要以建设现代渔业为核心,千万不要简单地复制陆沿近海养殖模式,要根据南海海域的实际情况,在科学调查渔业资源的基础上,以工业化养殖理念为指导,高起点、高标准、高水平规划三沙渔业发展,在南海构建管理型的放牧式人工或半人工渔场,开创海陆接力、基地化、岛链化、多元化的南海养殖新模式。海南南海经济技术研究院胡卫东建议设立国家级的三沙设施渔业产业园,采取中央政府和海南省政府共建方式,对三沙设施渔业进行统筹规划,统一管理,实行大企业进入,高科技支撑的发展模式。

　　但因三沙市远离海南岛,建立设施渔业存在相当大的困难。中国水产科学研究院南海水产研究所渔业工程研究室主任郭根喜指出:"比如,三沙市的淡水来源主要依靠雨水,但收集量非常有限。要大量人工运输淡水、饲料、装备等,整个渔业的持续生产很不容易。"

　　"在粮食安全的前提下,渔业发展很容易被忽视。"雷霁霖说,目前国家对渔业的支持力度还远没有农业那样大。"渔业对国家经济贡献并不小,而且发展南海渔业养殖,还有其特殊的战略意义,希望可以得到国家更多的关注和支持。"

《科技日报》(2013 年 1 月 5 日)

南海渔业:如何赢得"鱼满仓"

潘 希

作为中国四大渔区之一,南海渔业过去主要以捕捞业为主。面对近海荒漠化的现实,各地在积极探索

设施渔业等养殖新模式。然而,南海渔业发展仍面临着不少困难。

作为中国四大渔区之一,南海是一个巨大的渔业种质资源宝库:拥有渔业资源两千多种,其中高经济价值鱼类约 200 多种。

然而,相对于南海周边国家,南海渔业对我国经济的贡献并不大。2011年,越南在南海仅金枪鱼捕捞量就达 11 万吨左右,创汇 3 亿美元。而我国南海三省区的金枪鱼捕捞量仅为 300 吨。

"在全国海域中,南海的出渔生产力最低,南海海区每平方公里的持续鱼产量只有 1.35 吨。"近日,以"三沙设施渔业"为主题的中国科协新观点新学说学术沙龙在海口举行。海南大学海洋学院教授张本直言,发展不破坏生态的设施渔业是当务之急。

近海荒漠化如何再捕鱼

"南海渔业资源本来是我们的财富,但由于南海北部过度捕捞,近海生物资源严重衰退,50% 以上的渔民只要出海就会亏损。"中国工程院院士雷霁霖在接受《中国科学报》记者采访时表示。

具体而言,南海渔业过去主要是以渔船为主的捕捞业,养殖业处于空白状态。在近海,传统的经济性鱼类随着捕捞的加剧而逐渐消失,近海出现荒漠化现象。与此同时,渔船作业时间较短、流动性大、经济效益低,而南海的渔业产业加工能力薄弱。

但是,捕捞渔业是海南省的传统产业。面对近海衰退的现实,水产养殖专

家林载亮认为,必须大量淘汰小吨位和设备落后的渔船,建造大型船。

"三沙渔业资源的潜在捕获量约为 500 万吨,每年的可持续捕获量在 200 万吨,而目前海南每年的捕获量仅为 8 万吨左右。如果建造 500 艘大型船只,年产值可达 1000 多亿元。"林载亮认为,应转变捕捞方式,发展壮大外海、远洋渔业生产。

雷霁霖则认为,需要以工业化养殖理念为指导,发展设施渔业新模式,开创"海陆接力",基地化、岛链化、多元化南海养殖新模式。

探索南海养殖新模式

距离海南三亚 1000 多公里的美济礁隶属南沙,是我国南海重要的渔业基地之一。林载亮在这里搞渔业网箱养殖已经很多年了。

美济礁全年平均水温在 25℃ 左右,海水盐度保持在 33 度,"非常适合价格昂贵的暖水鱼东星斑、老虎斑等的生长"。曾任海南省水产局副局长的林载亮认为,美济礁的渔业养殖搞得还算不错,主要在于很好地运用了网箱养殖技术。

"有人认为,网箱养殖会产生很多生态污染,破坏南海的珊瑚礁。但实际上,随着研究的深入,运用深海活动式网箱,并不会对珊瑚礁构成破坏。"林载亮表示。

不过,由于海上经常遭遇巨大风浪,且有台风经过的危险,发展设施渔业,还需要考虑设施抗风浪问题。比如,2011 年 10 月,海南省连续遭遇 3 个热带气旋袭击,深水网箱养殖深受重创,大部分网箱受损。

但随着科技的进步,这一问题正在不断得到解决。"目前,抗风浪网箱经过'九五'到'十二五'的科技攻关,技术问题和设备问题基本上解决了。现在的问题是,如何放置在礁盘或海水较深的地方,而且还需要探讨其产业化模式。"张本说。

设施渔业遭遇多重困难

其实,要想改变传统近海捕捞,面临的困难还有不少。

成立还不到半年的三沙市,是中国目前最"年轻"的地级市,也是中国最南端的领土海域,下辖西沙群岛、南沙群岛、中沙群岛的岛礁及其海域,海域面积260多万平方千米。

"这里的最大资源优势是海,最具有发展潜力的也是海,但制约其发展的还是海。"中国水产科学研究院南海水产研究所渔业工程研究室主任郭根喜认为,三沙市远离海南岛,这给建立设施渔业带来了相当多的困难。

要做到工业化养殖,"生产层面涉及到淡水、种苗、补给、装备、饲料、成本等几个大问题。比如,三沙市的淡水来源主要依靠雨水,但收集量非常有限。要大量人工运输淡水、饲料、装备等,给整个渔业的持续生产造成了非常大的困难。"郭根喜说。

相对于捕捞,雷霁霖更推崇养殖业的工业化模式。"最好能构建管理型放牧式人工或半人工渔场,或者利用海上移动式养鱼工船这种模式。因为南海海域都是深远海,要考虑船的结构、材料、箱体等,实现鱼的全产业链管理和匹配。日本和法国早在30年前就有这种模式了。"

"在粮食安全的前提下,渔业发展很容易被忽视。"雷霁霖说,目前国家对渔业的支持力度还远没有农业那样大。"渔业对国家经济贡献并不小,而且发展南海渔业养殖,还有其特殊的战略意义,希望可以得到国家更多的关注和支持。"

《中国科学报》(2012年12月20日)